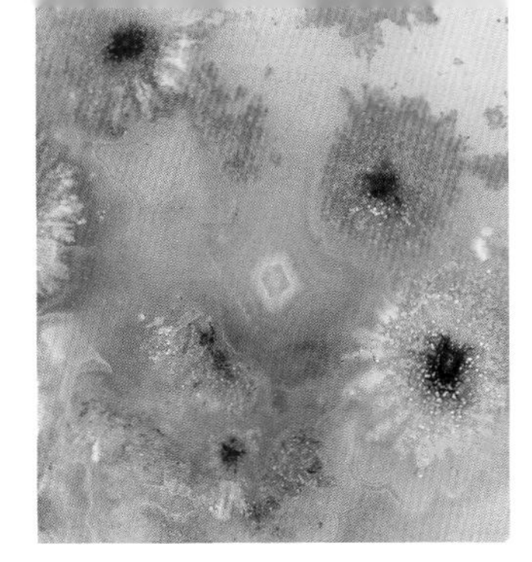

# 讀石筆記

陈恩平 编著

广陵书社

图书在版编目（CIP）数据

读石笔记 / 陈恩平编著. -- 扬州：广陵书社，2022.12
ISBN 978-7-5554-1891-7

Ⅰ. ①读… Ⅱ. ①陈… Ⅲ. ①雨花石—鉴赏 Ⅳ. ①TS933.21

中国版本图书馆CIP数据核字(2022)第227295号

书　　名　读石笔记
编　　著　陈恩平
责任编辑　郭玉同
出版发行　广陵书社
　　　　　扬州市四望亭路 2-4 号　　　邮编　225001
　　　　　（0514）85228081（总编办）　85228088（发行部）
　　　　　http：//www.yzglpub.com　　E-mail：yzglss@163.com
印　　刷　扬州皓宇图文印刷有限公司
开　　本　889毫米×1194毫米　1/12
印　　张　30.25
字　　数　211千字
版　　次　2022年12月第一版
印　　次　2022年12月第一次印刷
标准书号　ISBN 978-7-5554-1891-7
定　　价　368.00元

陳恩平同志惠存

# 厚德載物

向守志
二〇一二年秋

向守志，四川宣汉人，1955年被授予少将军衔，1988年被授予上将军衔，曾任南京军区司令员。

讀石筆記

陈恩平 1954年出生，江苏仪征人。曾任仪征市人大常委会党组副书记、常务副主任。现任仪征市见义勇为基金会理事长。赏玩雨花石近30年，分别被南京、仪征雨花石协会聘为顾问，编著出版有《雨花石缘》《美石雅韵》等，并负责《仪征雨花石》报的编审，有多篇读石文章在南京《雨花石》杂志、《扬州晚报》和《仪征日报》等报刊发表。自诩在赏玩雨花石的过程中，收获了怡情、励志、健康、快乐。

牛年岁末时，就说扬州要下雪了。晚来天欲雪，能饮一杯无？这一盼盼到了虎年，一场瑞雪终于在正月初七落下了。“素雪晓凝华”，“无树独飘花”。这一落，便韶华尽收，雪落成诗。

由此花想到彼花。天上有雪花，人间有石花。大约在一千多年前的梁代，有位云光法师在南京南郊讲经说法，其真情感天动地，当时天上就落下了石雨，而且落在了仪征月塘。这一落，便天花乱坠，落石成诗。

于是，人间从此有了雨花石，仪征从此得了幸运石。雨花石，是一种天然玛瑙石。它本是由地球岩浆凝结而成的，又经千岁水、万年风的涵养，终于造就了这以花为名、花而冠雨的石玲珑。

这雨花石，玲珑妩媚、晶莹圆润。其绚丽的色彩、奇妙的纹理，变幻出无穷无尽的图画，有风花雪月，有秀丽风光，有人物百态，有亭台楼阁，有飞禽走兽，有花鸟鱼虫，可谓万种风物、万般风情尽在石上。

喜爱雨花石的人很多，但能读懂雨花石的人却不多。因为欣赏雨花石，应是写意的，追求的是其中的“意境”。一枚雨花石，往往就是一幅画、一首诗、一曲歌，诗情、画意、旋律、文韵、神采、情感乃至灵魂，都包含在这意境之中。

只有怀着诗性诗心的人，才能读懂这种意境，才能观到石中的景外之景，看到石中的图外之画，听到石中的弦外之音。初识陈恩平先生，我就感受到他是一位有诗性诗心的人，直至读了他的《读石笔记》后更加深了我对“无诗不成石”的认识。

《读石笔记》，贵在以诗品石、以诗悟石、以诗读石、以诗记石。陈恩平先生用诗性品出了石中的问佛求道、人者仁也、俗语成画；用诗意悟出了石中的众相集谛、奇形物象、牲灵活现；用诗情读出了石中的山岚水漪、花艳草幽、亭台楼阁；用诗心记下了石中的风物仪真、诗画天成、红色赓脉。

我尤其欣赏的是“红色赓脉”里的13枚宝石，它们形似神更似。因为这件事，我与恩平的诗心便靠得更近了。我俩曾经都是公务员。公务员有一项社会责任，就是要在传承民族文化中，不忘赓续红色文化，为我们的社会传达真善美和传递正能量。

最后，我要为这篇序言感谢三个人，是他们让我与这本书及其作者结缘的。一是感谢卜宇先生，他是我的老领导，我为此书作序就是他指定的；二是感谢唐晓渡先生，他是我的老大哥，他以诗人加书法家的身份题写了书名；三是感谢李小军先生，他是我的老同事，也是恩平先生的石友，我对雨花石的最初认识源于他的指教。

当然，更要感谢的是陈恩平先生。谢谢他为我们留下了一本关于雨花石的读石笔记、科普读本和诗集画册。

刘 俊
江苏省当代艺术创作研究会副会长
扬州市文联原主席
扬州市文艺评论家协会原主席

# 前言

有人讲，人都要有点正当嗜好的，否则，活在这个社会就毫无意义了。有人喜爱下棋打牌，有人喜爱书画古董，还有人喜爱瓷器玉石……总之，可以这样说，有相当多的人有一项或多项嗜好，有的甚至达到了很高的境界。

我的嗜好也很简单，读书写作，赏玩石头。工作之余读点书，我曾是书店常客，看书购书，退出岗位时，整理出两三纸箱书，家里书房放不下，索性就捐给了乡村图书室。读书有点体会就记下来，写点感想。外出旅游，写点游记什么的。几十年下来，也写了几十篇，当然满意的并不多。几年前，市作协选了一部分，出了本《闲心随笔》集。

玩石头是我这一生最大的嗜好。石头只玩雨花石，因为其他石种诸如玉石之类的，水太深，难分优劣，且经济难承受，工薪阶层玩不起。有的石种太大、太粗糙，不喜欢。雨花石是我们家乡的特产，知根知底，说得清，看得透，所以就一门心思玩雨花石。

说来也怪，自打爱上这小石子后，人像着了魔似的，一发不可收拾，如痴如醉直到如今。起初接触这小石子，大约在20世纪80年代初，那时我所在的新集乡，刚从朴席乡划分出来，一穷二白，无乡镇工业。县委做工作，在青山乡征地搞了砂矿，矿长见我养水仙，就给我几块花花绿绿的石子放在水仙盆中，特别好看。这时，才知道它叫活石，用来养金鱼、养水仙最好，在玻璃缸中显得十分大气。在这之前，我们朴席乡办了个玛瑙厂，就是用这花石子加工成挂件、首饰等，出口创汇。那时搞得很神秘，一般人进不去，看不到，只能听说说而已。后来，我从乡里调任市环保局局长，环境监测站站长老赵和她丈夫老何是玩石爱好者，有一天，邀我去她家看石头。不看不知道，这一看让我目瞪口呆：色彩斑斓的石头，有像物的，有像画的……直到现在，我脑海中还记得有一颗石头，叫“天安门”，在石界红极一时。可以这样说，这个时候我才真正爱上了雨花石。同时，通过老赵夫妇也认识了一些玩石人，这当中有李明荣、刘久伟、潘存江等玩石高手。更让我不能忘怀的是在20世纪90年代初，市委部署发展雨花石产业，在月塘开现场会，当时会场中展出的雨花石，有一枚叫“嫦娥奔月”的石头，据说是花三千元从六合买来当招牌石的。还有“百菊图”“渡江”“佛地祥云”“观音”等，后来都成了中国雨花石的名石了。

玩石，确是条不归之路。先是到矿上捡，然后边捡边买，后来不满足藏品与别人的差距，索性就买起来。再后来随着眼界和实力增强，就转向走精品路线，每年弄几枚，立雄心要迎头赶上一些玩家的水准。殊不知，玩石是要花钱的。在没退休前，机关发的过节费和年终奖金，基本上都用在买石头上了。花多少钱买的石头，回家不敢如实向家人说，大多是花多说少，百元、千元的石头说几十、几百，瞒天过海，躲过家人的“责难”。不可细算，日积月累，几十年下来，也花掉了数十万元之多。当然，这些钱也换来了一些具有收藏级别的石头。

不过，话又说回来，有钱难买开心事。对玩石人而言，买到好石头就能开心。这真是“我开心，我快乐”。有人打比方，抓万元钞票在手里数，别人会说你“抖”，骂你“二百五”；若抓个万元的好石头在手上赏玩，能吸引好多人围观，与你交流，有说不完的话，还会被人传颂。说玩石开心，圈外人不理解，个中滋味只有玩石人最清楚。每当淘得一石，清洗干净，放在清水碗里，再泡杯清茶，边喝茶边赏石，上看下看，左看右看，正反都看，不断调整角度，读石起名，翻阅资料，反复推敲。一时起不了满意石名，心里纠结。若起一好名，又得到圈内大家认可，心里畅快淋漓，那高兴劲不亚于金榜题名，甚至夜里起夜都要再看一眼石头的芳容。这样说，虽然有点夸张，但绝对不是言过其实。

玩石者寿，这是古人和今人玩石最多的心得和体会。当心情不好、工作上遇挫折、家庭琐事烦心时，端出石盆，观赏爱石，立马就会安静下来，烦躁的心绪很快就能平复。玩石头，能改变暴躁的个性，显得冷静温和，大病小疾面前，越发从容自若。在我前半生中，大小病生过几次，但每次都能安然度过，都要感谢这些小石子与我陪伴，与我的心灵对话，纾解心结。

时下，新冠肺炎疫情尚未结束，仍在全球蔓延。中国挺住了。大疫无常，这或将会改变人们生活理念和方式，崇尚自然尤其天然的奢侈品将成时尚。雨花石就属此类特种艺术品和特殊商品。我相信，在未来，雨花石将会迎来又一次崇尚热潮，它会越来越多地受到人们的青睐！

赏玩雨花石断断续续差不多有二三十年的光景了，也积累了些藏石。当下不少地方的砂石已经禁采，玩石进入了短暂的休眠期。是时候对自己的收藏经历做个小结了，留个印记，遂编印一本专集，算是对家人和自己的付出有个完满的交待吧！同时，也借助此书，真诚地感谢南京、仪征雨花石协会同仁及广大石友长期以来的关照和厚爱！

# 目录 CONTENTS

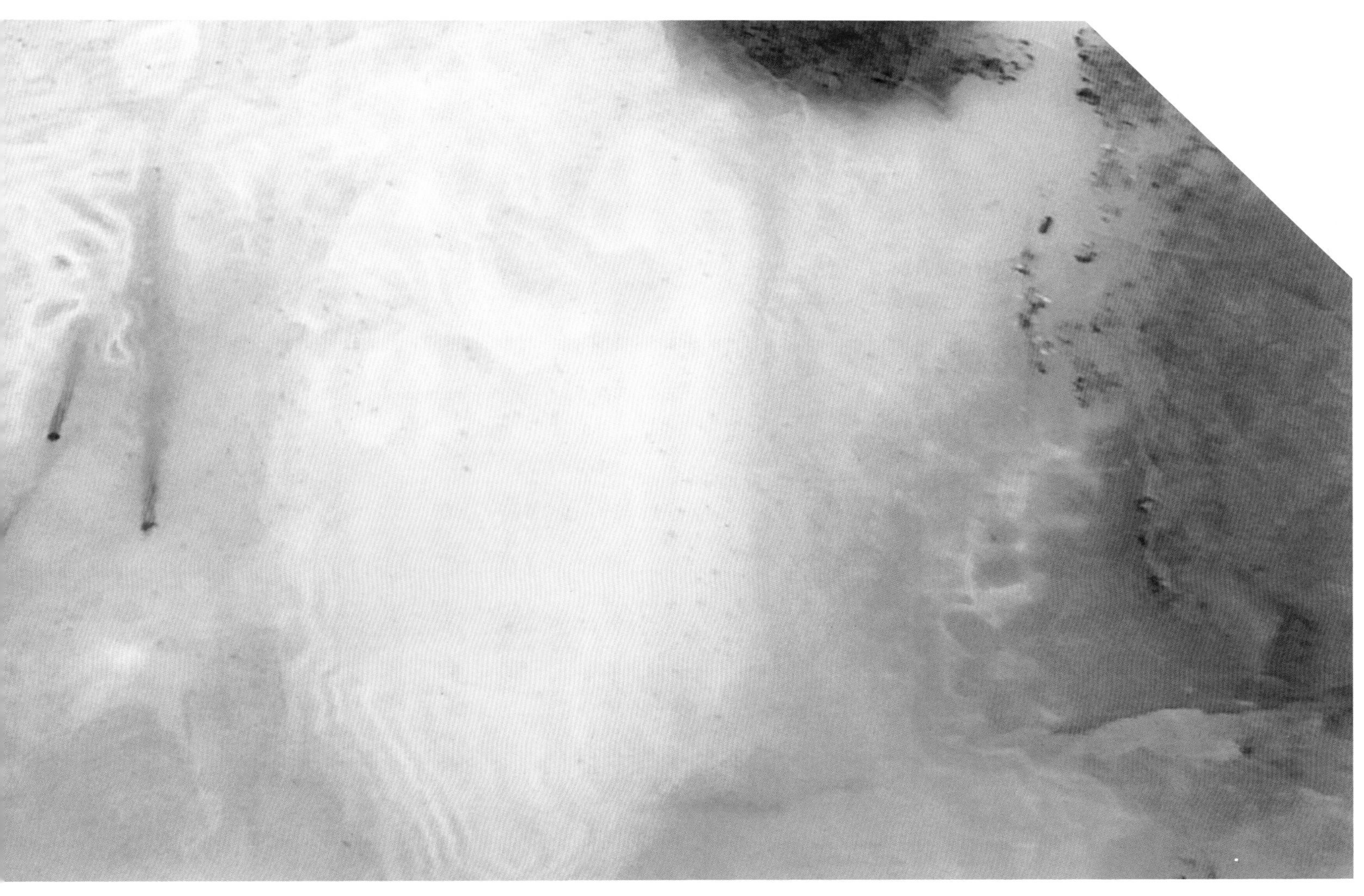

# 讀石筆記

## 第一章

# 风物似真

## 雨花石·仪征名片

文字“石”
6.0cmX4.5cm

雨花石，它从远古走来。传说它是女娲补天的遗石；又传南朝高僧云光在石子岗登坛说法，感动上苍，落雨成花，幻化成石。据传是北宋卢襄将石子岗命名为“雨花台”。

后来，诗人、文人咏石，重在记怀。雨花台、雨花石，同名同源，遂附丽台名为七彩石名，称为雨花石。

雨花石，一种天然形成的玛瑙石，最初由地球岩浆喷发渗入岩石内部，再经历潮起潮落的搬运和沉积砾石层等复杂而又漫长的历程，在仪征与六合交界的月塘、青山等丘陵地带蕴藏下来。

自宋代始，雨花石就被文人墨客所关注，并有藏家和赏玩专著，其中一些诗词和美文流传至今。宋代爱石人杜绾，著有《云林石谱》，书中记道：“真州六合县，水中或沙土中出玛瑙石，颇细碎，有绝大而纯白者，五色纹如刷丝，甚温润莹彻。”苏东坡任过扬州知州，客寓真州，曾在其《双石》诗中曰：“梦时良是觉时非，汲水

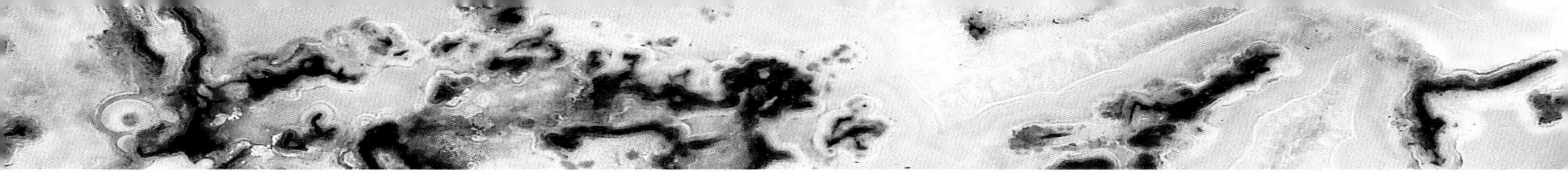

埋盆故自痴。”“汲水埋盆”的观赏石方式证明了这是雨花石。后人尊苏东坡为赏玩雨花石之鼻祖。

元初名儒郝经，出使南宋时，曾被幽禁真州十六载。他爱石赏石，写下了著名的《江石子记》。雨花石的质、色、形、纹，在他的笔下，色彩斑斓，美不胜收。他还从雨花石中悟出人生哲理，以石托言，以石明志，成为流传百年的文学名篇。

历史走到当下，以中国当代才子、著名诗人忆明珠先生为代表的仪征人，对雨花石有着浓厚的眷恋，不仅秉持传承有序的爱石、藏石、赏石文化，而且成就了一种独特的雨花石赏玩时尚。忆老在仪征写下的《雨花石臆名》《雨花石志异》和《爱石说》三篇散文，代表了仪征人20世纪90年代初赏玩雨花石的水平。从那时至现在，雨花石赏玩习俗，可以说一脉相承，方兴未艾。小小的雨花石，已成为仪征的一张璀璨夺目的“文化名片”。

云光说法

5.6cmX5.2cm

郝经读石

6.2cmX5.6cm

## 真州八景

真州历史，源远流长，素有“风物淮南第一州”的美誉。

汉武帝元封五年（106），划广陵、江都二县地置舆县，为仪征建县之始。南朝宋文帝元嘉年间，撤舆县，并入江都县。隋开皇九年（589），仪征地属扬州广陵县；十八年，属江阳县。大业元年废扬州，置江都郡，仪征地先属江都郡江阳县，后属江都县。唐永淳元年（682），析江都县地建扬子县。五代吴顺义四年，扬子县白沙镇（今仪征城区）改称迎銮镇。宋太祖赵匡胤为攻打南唐，曾在此训练水军，故于乾德二年（964）“升迎銮镇为建安军”。宋真宗大中祥符六年（1013），皇帝下诏在建安军北小山（今二亭山）上铸玉皇、圣祖、太祖、太宗四金像，因其仪容逼真，敕升建安军为真州，并在铸像地建道观，赐名为“仪真观”，“仪

北山红叶
5.4cmX3.9cm

胥浦农歌
5.3cmX4.0cm

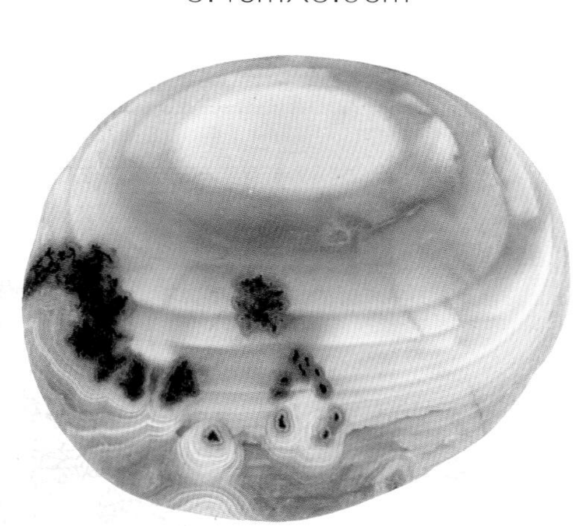

天池玩月
5.1cmX4.5cm

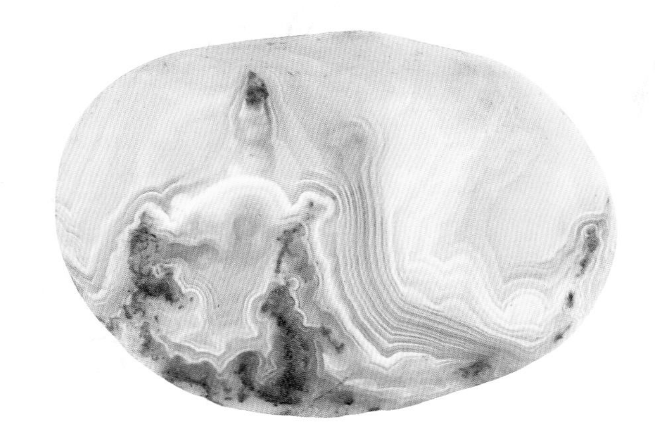

仓桥塔影
5.6cmX3.9cm

真”二字由此而来。元灭宋，仍为真州，领扬子县、六合县，县治所移至新城。明太祖即位，改扬子县为仪真县。清代因避讳，更名为扬子县。辛亥革命后，恢复县名为仪征县。

真州，隋唐起就是漕运、盐运和货运的中转之地，因而成为江淮一带的繁华富庶之乡。历代官员和富商在这里造庭院、建楼台。最享盛名的是宋人建造的东园，欧阳修曾为之作记。此外，城中还有数十处园林，有“半城绿树半城园”之称。“真州八景”是真州昔日繁荣景象的缩影。如今，旧时景物虽大都湮没，但作为历史文化将永远存续。

如今，用八枚雨花石组成石上“真州八景”，作为今天的纪念吧！

东门桃坞
5.5cmX4.4cm

南山积雪
5.3cmX3.9cm

资福晚钟
5.5cmX3.8cm

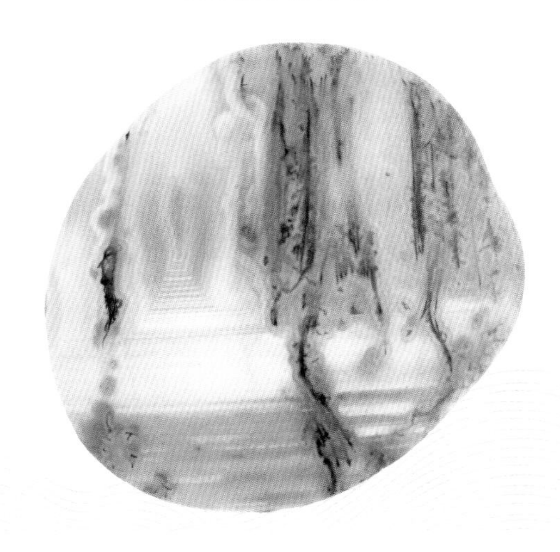

泮池新柳
4.9cmX4.6cm

## 临山观潮

5.4cmX4.3cm

江。当时正值大寒，北风呼啸，魏文帝见长江波涛汹涌，叹曰：『嗟呼！固天所以隔南北也。』因天险难渡，只好罢兵而归。此后城子山被称为曹山，『波涛汹涌』一语便诞生于此地并流传千载。

现代人有所不知，在几千年前，现时的真州和沿江圩区还是烟波浩渺、滚滚东去的宽阔水面。海岸线一直延伸到现在长江以北的蜀冈和长江以南的象山、北固山脚下，长江入海口在现时的扬州、镇江附近。平缓顺直的蜀冈边缘线，就是长江入海口浸蚀的岸线，象山、北固山等陡崖地形，就是海浪和潮汐浸蚀的痕迹。刘集镇盘古村，就是古代的水码头。古时，长江下游的主要渡口，江北在仪征沙漫洲到六合瓜埠一带，江南在栖霞山一带。

那时候，这一带的涌潮十分壮观，『岗阜靡迤二十余里，西迎大江之怒涛，而东送之以入海』。西汉枚乘的《七发》中形容海潮『诚奋厥武，如振如怒。沌沌浑浑，状如奔马。混混庉庉，声如雷鼓。……纷纷翼翼，波涌云乱。荡取南山，背击北岸』，使看潮的人惊骇得跌倒。当时曹山脚下还是一片汪洋。

斗转星移，沧海变桑田。到唐代，江心洲和江岸线连接起来，形成现时真州和沿江圩区的大片土地。当时，真州有白沙镇，唐景龙年间建造的天宁塔，最初为镇沙而建。明代初，仪征的东门还叫望海门呢！

现如今，曾经『波涛汹涌』的大地上，一座拥有现代滨江工业、现代交通网络、现代园林的城市的风物景象呈现在扬子江畔。仪征人正昂首阔步向着『强富美高』的新目标迈进！

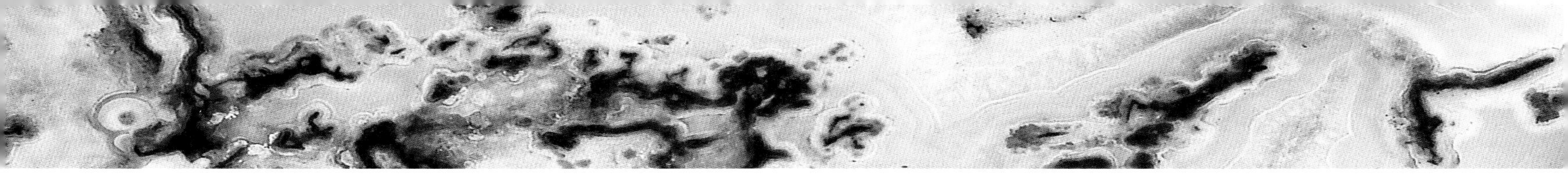

此石明快简洁，有如一袭红衣之人，站在山峦之上，双手背后，挺着大腹，面对翻滚奔流的江水，仰天长叹！

这画面让人很容易想起『波涛汹涌』成语诞生于古真州的故事。

黄初六年（225）十一月，魏文帝曹丕率十余万大军，『旌旗弥数百里』，一心要渡江灭吴。曹丕在城子山上筑台眺望长

## 伍子胥

6.8cmX5.9cm

此为人物侧面像，铁甲红袍紫髯，文武气度兼备，一个活脱脱的士大夫形象跃然石上。这是谁？仪征文化人巫晨先生读石后给出答案，告知曰：“伍子胥。”

伍子胥非真州本土人士，也不曾在此做过官，其结缘于真州，源于历史上的一桩冤案。

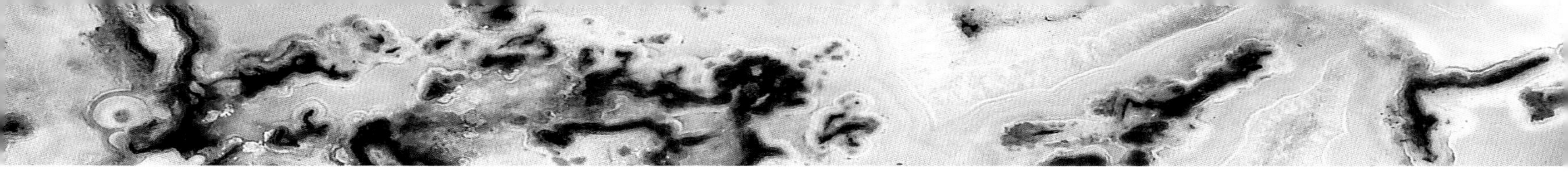

《吴越春秋》记载：春秋时期，因小人谗言，伍子胥家族遭灭门，唯伍子胥幸免于难，但仍遭追杀。他一夜白头，逃难至真州，这里距他投奔的吴地仅一江之隔。大水滔滔，江面上不见行船，追兵的马蹄声渐行渐近，伍子胥情急之下躲藏在江边芦苇丛中。这时，江面上忽有一叶渔舟飘然而至，渔夫边划船边唱小曲。伍子胥急不可耐地从芦苇中蹿出，喊道："渔丈人，渡我过江！渔丈人，渡我过江！"渔丈人听有人呼救，远看后面的追兵，再看呼救之人的气度，似乎明白了一切。他急速划船靠岸，将伍子胥拉上船，随即掉转船头奋力划桨，小船载着伍子胥向南岸驶去。待追兵赶到江边时，小船已过江心深处。

伍子胥站立在船头，眼看就到江南吴地，紧提的心便放下了。为酬谢渔丈人，他摘下身上的七星宝剑赠给渔丈人，但被婉拒，渔丈人说："剑在你手上可除恶报仇，在我手上不值一文。"伍子胥颇为感动，收剑后对渔丈人说："谢丈人，日后再过江报恩。"并要其保守渡江秘密。渔丈人笑而未答，迎着暮色划船驶离南岸。伍子胥上岸后才走出丈余，恍惚中，听到身后江中有"扑通"声响，再定睛一看，小船侧翻在江面，渔丈人已淹没在滚滚江水之中。伍子胥眼含热泪，仰天悲鸣："丈人，是你救了我，我却害了你！"随即弯曲双膝，面江叩首！

此石呈现的虽是伍子胥，但从另一侧面褒奖了渔丈人（传说是真州人），他舍生取义渡伍子胥过江，其精神感天动地。为纪念他，真州人将伍子胥渡江之处冠名为胥浦渡口并建有胥公祠，把渔丈人伴祭在旁。其所在地为胥浦镇，仪征化纤公司即坐落于此。

历史和现实积淀到2011年12月，渔丈人以及历代义士的品质被提升为仪征的城市精神"尚义求真"，已成为激励仪征人在新时代奋斗的不竭动力。

## 梅开二度

6.4cmX4.9cm

稀疏的枝条垂落向下伸展着，枝条上盛开着迷人的红梅，底色泛青，似有寒霜阅尽、辮出新春之感。石友惠让时告知，此石好取名，可名为“红梅花儿开”，也可叫“梅开五福”。当然，我对这些石名均不太满意。

不久前，在整理书斋时，我市民俗学家朱家斌先生的《青石板的回响》一书映入眼帘，其中有篇“二度梅”的故事，让我眼睛一亮。当读完故事后，我掩卷自问，这凄婉动人的故事又与古真州有关，这不正是我要寻找的美石主题吗?

唐肃宗年间，常州人梅伯高为官清廉正直，官至兵部尚书。他的死对头，时任丞相的奸臣卢杞，视梅伯高为眼中钉、肉中刺，欲除之而后快。于是，卢杞在皇帝面前屡进谗言，罗织罪状。皇帝听信谗言，将梅伯高打入大牢，并将其处死、抄家。梅夫人邱氏得到京城快报，立即叫儿子梅良玉连夜出逃真州，请求真州县令——未来的岳父侯銮收留庇护，由书僮王喜童陪同前往。

主仆二人从常州到瓜洲，乘小舟来到真州东门外，打听得知真州县令侯銮趋炎附势、心术不正的情况后，书僮王喜童为防不测，提出主仆换装，由喜童冒充梅良玉到县衙面见岳父侯县令，认亲避难。王喜童来县衙前，在大市口药铺买了砒霜藏于领口。喜童面见侯县令，呈明来意，侯銮翻脸不认

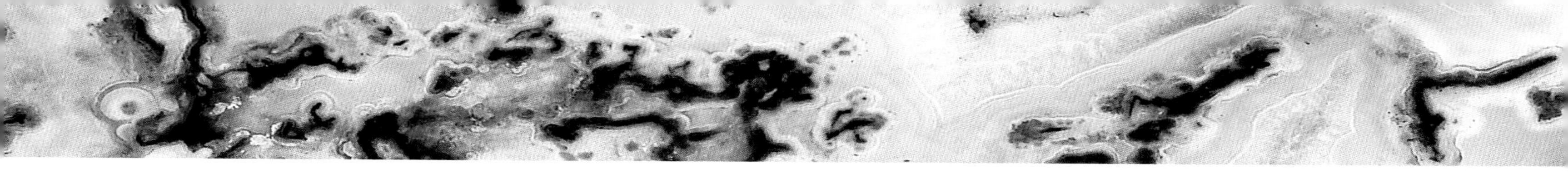

亲，说他是要犯，立即将“梅良玉”拘押在县衙牢房内，准备改日押解到京城，邀功请赏。在侯鸾命差人上镣钉镣之时，喜童暗吞了藏于领口的砒霜，随即身亡。过了约定的时辰，梅良玉不见喜童回来，料知有变，随即躲到西边老虎山上观察城内动静。不一会，梅良玉看见两个牢役抬一卷芦席从西门出来，在火星庙旁将芦席抛入草丛中。待牢役走后，梅良玉打开芦席卷一看，正是书僮王喜童。他痛哭一场，将喜童草草掩埋，做了暗记，立即向扬州逃去。其父亲的好友陈东初与他相认，以花僮的名义将他收留。

陈东初敬佩梅伯高的高风亮节，一天在自家梅园设香案祭奠。香雾缭绕之际，满园梅花顿时落尽，若泪雨纷纷。陈东初女儿陈杏元对梅良玉的不幸遭遇甚是同情，苦劝其父为梅家伸张正义。陈杏元的悲情和大义，感动了花神，第二天园中梅花二度怒放。陈东初知是天意，料知梅家不得绝后，便把女儿许配给梅良玉。后来，奸相卢杞探知陈东初也是梅伯高的好友，又欲置其于死地，便令其女陈杏元和亲至北国。陈杏元与梅良玉夫妻二人走到邯郸，登上丛台诀别，陈杏元无法忍受与丈夫的离别，便跳崖殉情，却被崖下昭君庙里的神灵所救。后来，梅良玉金榜题名，夺得魁首，被封为钦差大臣，几经曲折，除掉卢杞、侯鸾等奸党，为父申冤报仇，又迎娶陈杏元，一对有情人苦尽甘来，终于团圆。梅良玉不忘王喜童的忠义，后来在真州西门当年留记号的地方造了坟，名叫“喜童坟”，又在坟前立了牌坊，奏请皇帝下旨，封其为“义烈大夫”。

故事从清代就流传于坊间，虽无圣旨物证留存，但有《真州道情》仍在传唱，词曰：“出西门，是荒郊，老虎山，羊肠道。喜童坟前牌坊高，义烈大夫追封号……”根据清代创作的小说，仪征扬剧团改编上演了扬剧《二度梅》，在仪征民间广为流传。曾有人问，喜童坟原址在何处？民俗学家告知，在现在扬子公园东北角、市博物馆新大楼附近。民俗学家曾呼吁，为传承城市历史文化，在“喜童坟”的原址上遍植各式梅花，立一巨石，上刻“二度梅”三字，让人们有故事可讲，有物体可看，让美丽动人的爱情故事代代相传。

说到这里，这石头主题名已是不言自明了，就叫“梅开二度”吧。此石在市博物馆展出期间，受到许多石头玩家的好评。南京诗人王成柱先生赏石头，听故事，大加赞赏，并赋诗一首。诗曰：

亘古忠贞风雨摧，绿云红萼暗香回。

却波自有阳光照，且看真州二度梅。

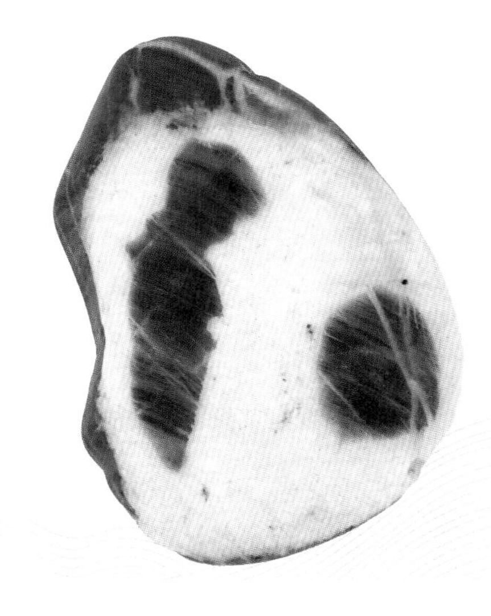

祭

5.4cmX4.5cm

## 鸿雁传书

7.0cmX6.0cm

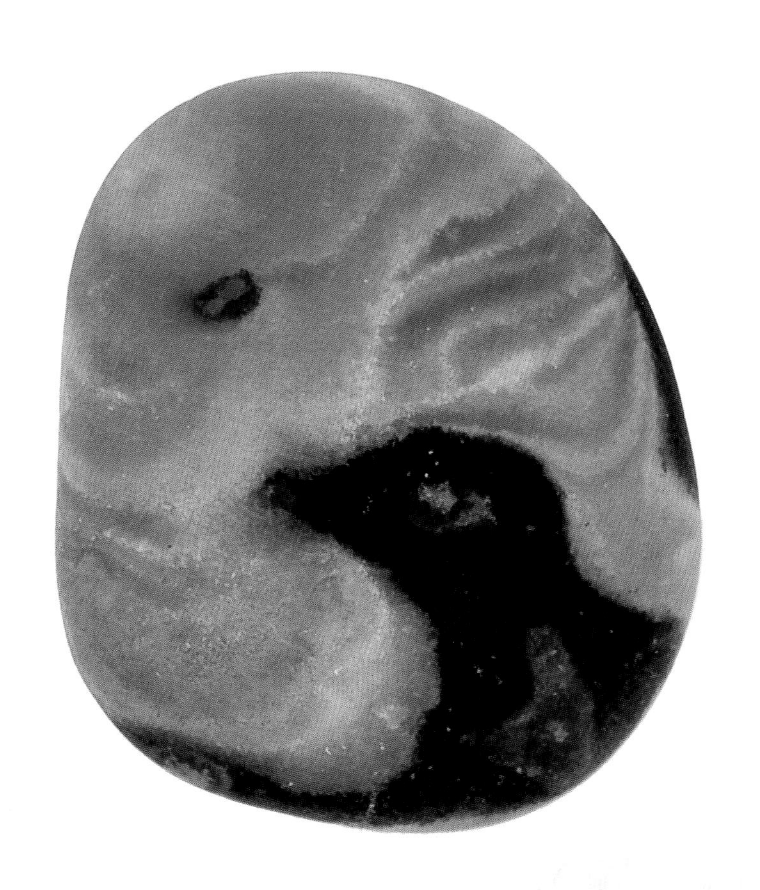

这是一帧正在飞行的大雁头部特写，九天之上，驭风凌云，眼神坚定，俯瞰金秋大地，关山万里。细览之下，犹见云层逆光，映衬出鸿雁矫健的身影，头颈前倾，双翅后掠，似劈波斩浪，唳振长空。雁的脖下，似系一物。这画面，让我想起郝经鸿雁传书的故事来。

郝经，字伯常，元初著名学者，为元世祖忽必烈所器重。1260年4月，郝经以翰林院侍读学士充国信使，佩虎符金印，出使南宋，行至真州时，不想却被扣留，被囚禁了起来。

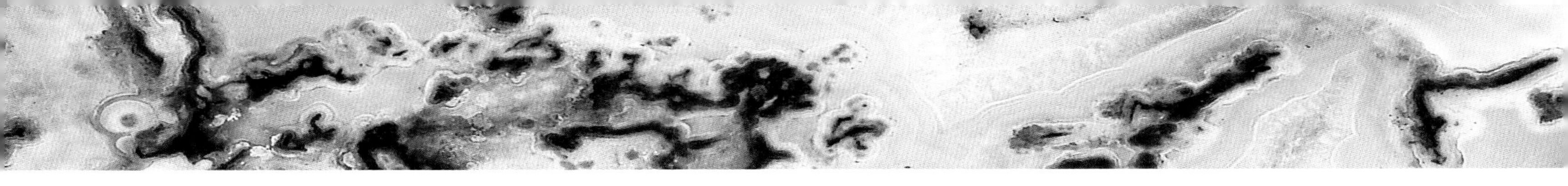

郝经这一被软禁，就是十八年，先生除每日读书之外，在严密监管下捡石散心，著书立说百卷之多，写成一篇《江石子记》，成为雨花石历史中里程碑般的伟大文章。

使团被囚，生活上倒还周全，管理方专门饲养了40只大雁以供食用。郝先生有诗云：持节江头久食鱼，馆人供雁意踟蹰。呼儿细看云间足，恐有中原问讯书。

这十八年中，郝先生无日不盼望元朝的消息，世祖皇帝知道使团的困境吗？在饲养的雁群中，他看到有一只大雁和别的不同，每当见到都会扑翼高鸣，郝经心有所悟，便引至后庭单独饲喂。终于有一天，先生和使团成员焚香北拜，又跪于雁前，将写有书信的绸帛系在大雁身上，祝曰：“麻烦您代为传书朝廷，一路上多加保重啊！”

大雁听罢，奋翅而飞，直上北天云中。次年三月，汴梁有人获雁得书，上云：“霜落风高恣所如，归期回首是春初。上林天子援弓缴，穷海累臣有帛书。中统十五年九月一日放雁，获者勿杀，国信大使郝经书于真州忠勇军营新馆。”

郝经北归时，已是元仁宗时期了，其不辱使命的崇高气节，受到人们的尊敬和朝廷的表彰。

郝经的故事，雁书的传说，让人仰慕，感叹，沉思。

作为故事源起地的仪征人，我把玩品读此石，并取名“鸿雁传书”，是对郝先生这样一位前辈的纪念，更是对他十八年囚禁生涯，其志未改，其节永持精神的崇敬。从故事中可以看出，郝经先生不辱使命、坚忍不拔和足智多谋，其人格魅力及其高贵品质，是我们做人做事的楷模、学习的榜样，它将激励我们在伟大时代里，不畏艰难困苦，怀着崇高的信念，秉持使命担当，去完成时代赋予的伟大历史责任！

收笔完工此篇读石短文，已是夜色阑珊，忽想起杜牧的《早雁》，其颈联“仙掌月明孤影过，长门灯暗数声来”，生动写实，就作为夜读此石的结束语吧。

# 第二章

红色庚脉

## 伟人合璧

7.7cmX6.3cm

石上二伟人，
头像大小有别，
小者非小，
因在万水千山外。
山连山，
水接水，
唇齿相依，
患难与共。
他俩叙说往事，
历史常显曲线，
信念的光环，
永照千秋。

【现代】池澄

## 四渡赤水破危局

4.8cmX4.0cm

长征是独一无二的，长征是无与伦比的，而四渡赤水又是长征史上最光彩神奇的篇章。

【美】哈里森·索尔兹伯里

# 瓦窑堡

7.9cmX5.6cm

天下瓦窑堡，
秦川第一村。
抉择会议汇成文，
点亮神州北斗，
从此定乾坤。

抗日统一调，
联合自主存。
恩仇一笑必然春。
华夏江山，
华夏共龙魂。
华夏五千上下，
血脉润同根。

【现代】于炳战

## 过雪山草地

雪皑皑，野茫茫，高原寒，炊断粮。
红军都是钢铁汉，千锤百炼不怕难。
雪山低头迎远客，草毯泥毡扎营盘。
风雨侵衣骨更硬，野菜充饥志越坚。
官兵一致同甘苦，革命理想高于天。

【现代】萧华

雪山低头迎远客
6.0cmX5.8cm

三军蜿蜒过草地

7.7cmX4.8cm

## 黄洋界哨口

5.3cmX4.5cm

黄洋界，
森然哨口云澎湃。
云澎湃，
炮声犹耳，
战魂还在。

峥嵘岁月人豪迈，
红旗漫卷谁执帅。
谁执帅，
几行诗句，
万千气概。

【现代】于炳战

# 军民大生产

8.1cmX7.3cm

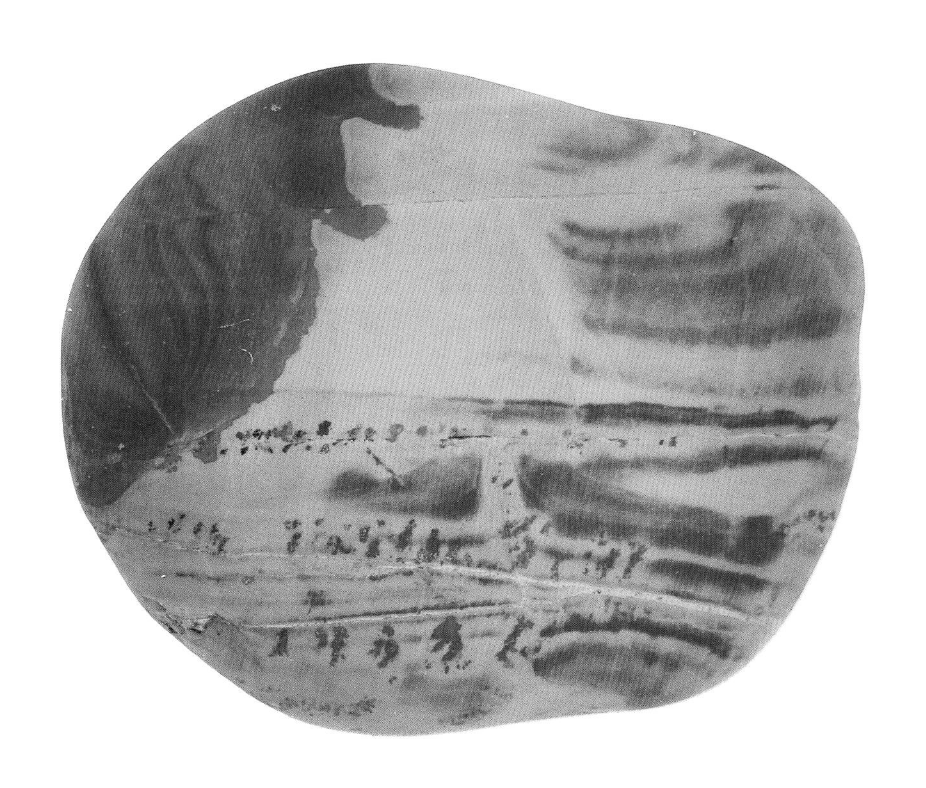



此石画意很足：左边是红旗飘扬，右边是人山人海的劳动场面，由近至远地排开，一眼望不到边，再加上淡黄底色调，犹如陕甘的黄土高坡。这画面，似一幅军民大生产的画作。

此石堪称红色题材的经典之石，石界给予了很高评价。四川《于公赏石》杂志主编于炳战先生填词一首：

列阵整齐耘地，连营集体耕田。黄土苍茫争沃野，红旗壮烈丰长天。衣食尽保全。领袖言传身教，军民奋勇争先。自力更生慷又慨，纵横战场凯尔旋。延安天下安。

## 青纱帐里游击健儿逞英豪

6.3cmX4.5cm

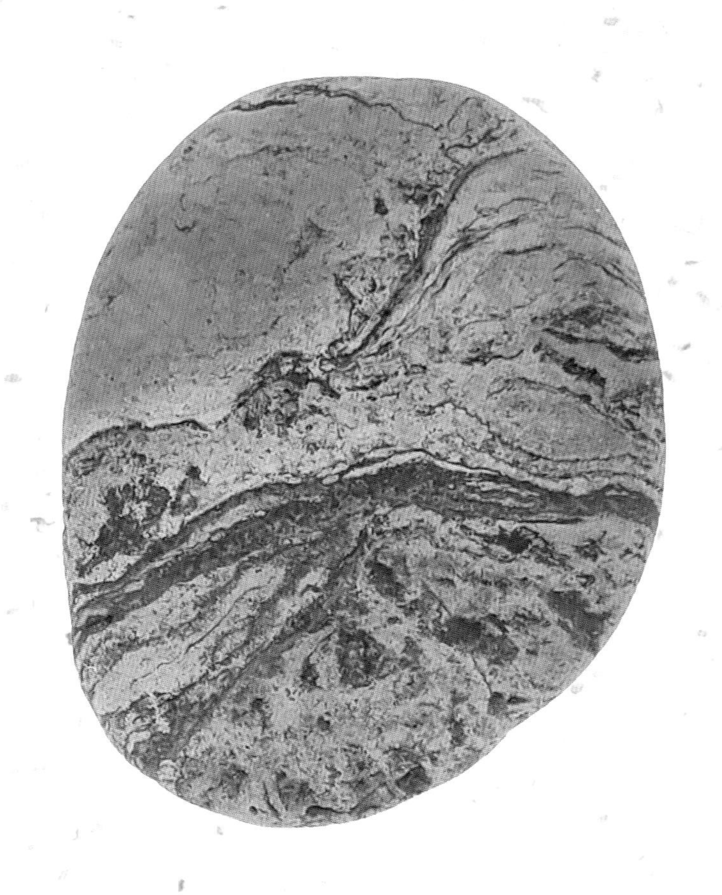

此石意象：绿树浓荫，似青纱帐景致。在深山绿树丛中，似有游击健儿身影，他们依托“青纱帐”这个天然屏障，实施快速、机动、灵活的游击战，来打击、袭扰、消灭日本侵略者。

欣赏此石，脑海中出现许多抗击日军的电影画面，耳边响起了《保卫黄河》的歌声：“风在吼，马在叫，黄河在咆哮……万山丛中，抗日英雄真不少！青纱帐里，游击健儿逞英豪！”

# 延河水，宝塔山

6.7cmX4.2cm

夕阳辉耀着山头的塔影，
月色映照着河边的流萤。
春风吹遍了原野，
群山结成了坚固的围屏。
啊，延安！
……
你的名字将万古流芳，
在历史上灿烂辉煌。

【现代】莫耶

## 破袭日伪炮楼

7.9cmX6.3cm

壮烈燃烽火，
狰狞起炮楼。
枪林弹雨落燕幽。
破了合围铁壁，
回马斩敌首。
日伪余残喘，
军民战更稠。
破袭据点尽赳赳。
横扫烟云，
横扫抖风流。
横扫山河归复，
重振我神州。
【现代】于炳战

# 生的伟大，死的光荣

7.8cmX5.1cm

刘胡兰，1932年出生在山西文水县云周西村一个贫苦农民家庭。10岁起参加儿童团。1946年6月，她被批准为中共候补党员。这一年，她才14岁。

1947年1月12日，国民党阎锡山军和地主武装“复仇自卫队”包围了云周西村，将群众赶到场地上，刘胡兰因叛徒出卖被捕。在敌人威胁面前，她坚贞不屈，大义凛然。敌人问她：“你给八路做过什么工作？”刘胡兰大声说：“我什么都做过！”“你为啥要参加共产党？”“因为共产党为穷人办事。”敌人恼羞成怒：“你小小年纪好嘴硬啊！你就不怕死？”刘胡兰斩钉截铁地回答：“怕死不当共产党！”残忍的敌人为了使她屈服，在她面前将同时被捕的6位革命群众用铡刀杀害。刘胡兰毫无惧色，从容走向铡刀，壮烈牺牲，尚未满15周岁。

毛主席知道后非常伤心，专门为刘胡兰题字：“生的伟大，死的光荣。”

2009年9月10日她被评为100位为新中国成立作出突出贡献的英雄模范人物之一。

## 渡 江

6.9cmX5.8cm

此石似水墨淡彩，帆船林立，在晨曦雾色的掩护下，冒着敌人的炮火，突破长江天堑，抢滩登陆，气势磅礴，将人民解放军南渡长江，“钟山风雨起苍黄”的景象刻画得淋漓尽致，画面意蕴丰富，动感强烈，色调富有历史感。诗人金帆先生有感而发，吟诗礼赞：

弹似横空雨，船若浪上飞，分不清那篙和枪，数不尽那帆和桅。

黄烟滚滚哟漫江起，喊声阵阵哟胜似雷。

为党为民洒热血，赴汤蹈火头不回。

百万雄师下江南，天翻地覆，将反动王朝一举粉碎。

# 西柏坡

7.0cmX6.5cm

小村演义大乾坤，神州换了魂。赶考出发之地，从此步长春。
龙虎略，应天阙，撰雄文。无声答卷，江山红遍，千古一人。

【现代】于炳战

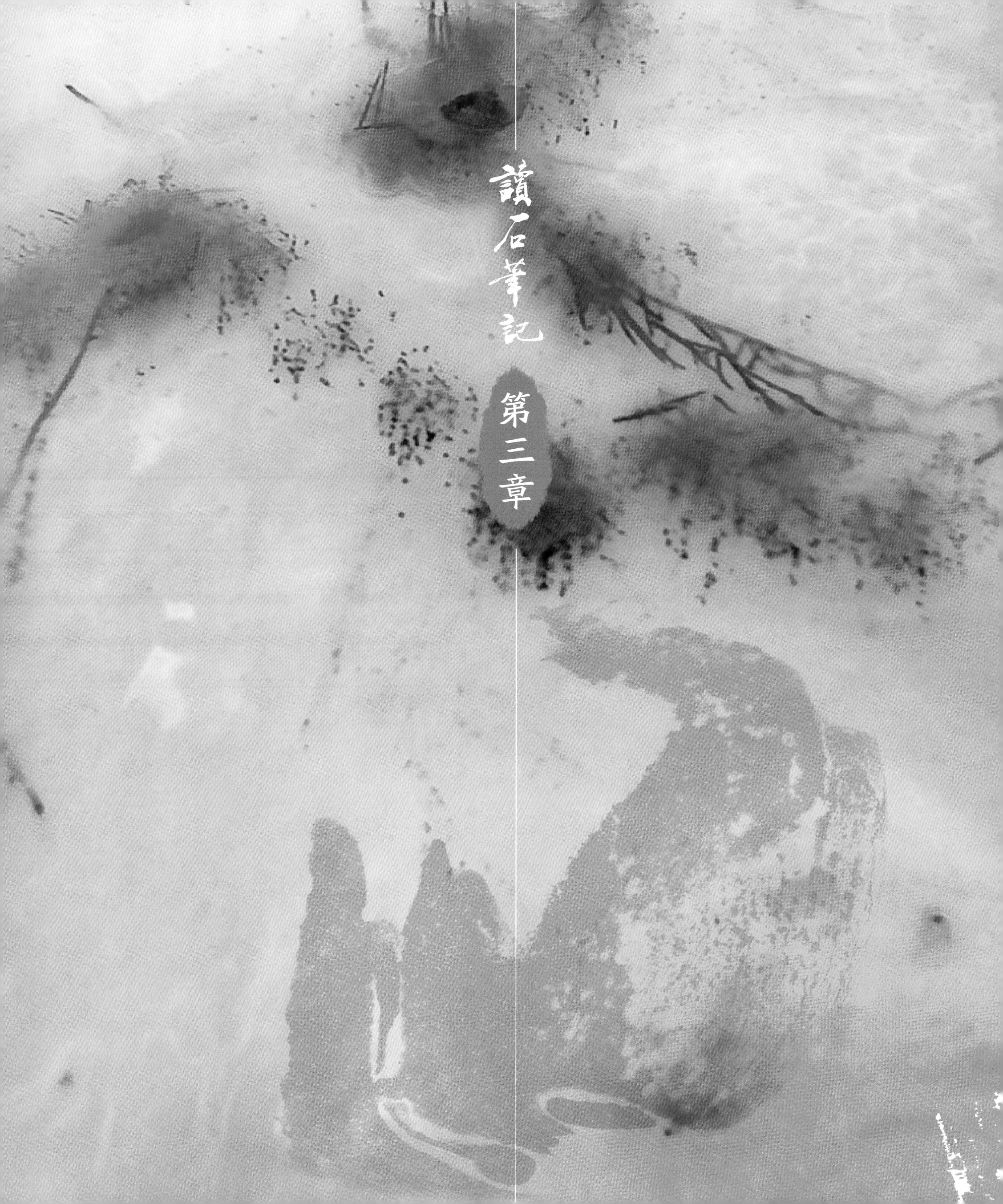

讀石筆記

# 第三章

# 问佛求道

## 达摩参禅

12.0cmX11.6cm

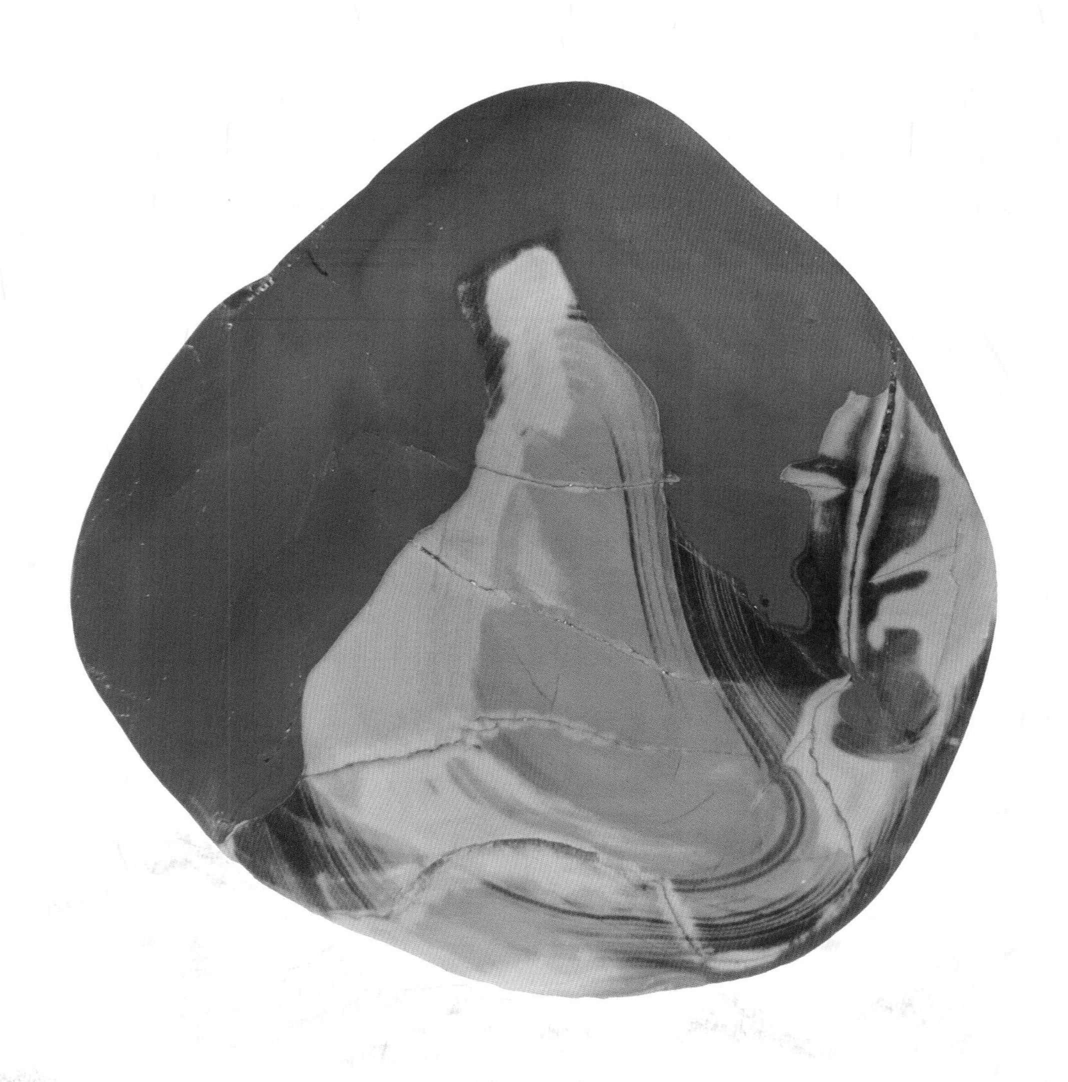

2019年6月29日上午，邱信明先生在南京大报恩寺遗址公园内举办“禅的世界·美的记忆”邱信明藏石文化主题展，其中有枚“达摩东渡”石十分耀眼，让人震撼，令我心仪。石展结束后，我得知石商刘晨先生从邱先生处请回了此石，随即前往观之。刘先生看我喜爱有加，提出要我用“武陵仙境”绿草花石交换。双美之事，二话没说，立即成交。得此石后，我爱不释手，兴奋不已，进而增添了对佛的敬畏之心。近来，我读经赏石，闭目静思，石头画面和佛教人物叠印幻出，高度契合，故将此石更名为“达摩参禅”。

达摩何人也？他非神仙，也非中土人，据说是南印度禅宗第二十八代传人，世称菩提达摩。他在南朝梁时渡海来华，开创了东土禅宗，是中国佛教史上的重要人物。

所谓禅，是一种自省静思以求明悟的方式，中国自古有之，若“每日三省”的自律。大乘佛教梵音“禅那”一语，有思维静虑之意，被译为“禅”。达摩在中国以禅法授人，被尊为禅宗的开山祖师。

禅宗发展到后来，分化为“渐悟”和“顿悟”两个学派。其中顿悟一派“不立文字，直指人心”之说，既契合中国传统内省自修的慎独思想，又便于广大中下层信众参悟佛理，于是渐趋主流。

禅宗典籍《五灯会元》记载：一次灵山大会上，佛祖手拈一枝花，向众人展示。场下无人解悟，尽皆默然，只有迦叶尊者会心一笑。佛祖遂言：“吾有正法眼藏，涅槃妙心，实相无相，微妙法门，不立文字，教外别传，付嘱摩诃迦叶。”

所谓心心相印，不说自明，民间有“只可意会，不可言传”之说，可为呼应。

达摩曾在南梁的都城建康与梁武帝有过一段佛门著名的机锋相交。

梁武帝炫耀地问菩提达摩：“朕即位以来，造寺、写经、度僧，不可胜数，有何功德？”

达摩回答：“并无功德。”

梁武帝又问：“何以无功德？”

达摩说道：“此但人天小果，有漏之因，如影随形，虽有非实。”

达摩解释真功德是“净智妙圆，体自空寂，如是功德，不以世求”。

梁武帝不甘心，还问：“如何是圣谛第一义？”

达摩更是直截了当：“廓然无圣。”

“净智妙圆，体自空寂”，一语道破了禅宗的本质。所以对武帝的圣谛之问，达摩回说大千空阔，全凭心悟，哪有什么具体的神圣物象。这也是不立文字，直指人心的精妙解答。

身居权位，纵横捭阖于世俗权力的梁武帝自然是无缘参悟。菩提达摩就此一苇渡江，北赴中原，创立了东土禅宗。

虽然说不立文字，见性成佛，但也是长期的求学和参禅修悟而得，所谓厚积薄发，解脱了先前的烦恼羁绊，达成境界的飞跃。比如六祖惠能曾见两僧人辩论风幡问题，风吹幡动，一个说是幡动，一个说是风动。惠能告诉他们说，不是幡动，不是风动，而是心动。若是体自空寂，不以世求，那么不管外界有何扰动，禅修中的心境都能平静无他，这就是境界。

这位惠能，少时生活困苦，偶然听到有人念《金刚经》，心有所悟，便投奔禅宗五祖学习佛法。一日，五祖嘱教诸弟子各书偈语。大弟子神秀很快书写一偈在墙上：

身是菩提树，心如明镜台。

时时勤拂拭，勿使惹尘埃。

其时，惠能只是个不识字的烧火僧，听人吟诵神秀的偈诗后，央求他人代写一偈云：

菩提本无树，明镜亦非台。

本来无一物，何处惹尘埃？

在禅的境界里，神秀的参悟有相，即有实体存在，而惠能的参悟里则是化外空寂，于是高下立辨，惠能后来成了禅宗六祖。

因为禅宗讲究“悟”，习禅者为求法而到处参学，或听讲，或静思，或机辩，这就是参禅。菩提达摩北上，在嵩山的一个山洞里面壁九年，就是最著名的参禅故事。传说高僧大德参禅顿悟之时，祥云缭绕，佛光如霞，一片智慧光明。这枚雨花石画面表现的就是达摩尊者九年面壁，莲坐悟道，百衲袈裟，金碧辉煌，端的是一派光明之象。

我理解的“空”，于世人就是信仰，对事业的执着，心无旁骛，为了认定的崇高理想和目标，能够忍受一切艰难困苦，甚至是常人无法忍受的肉体和精神的磨难，而使自己升华到一个高尚、纯粹、脱离了低级趣味的境界，也算是一种禅修开悟吧！

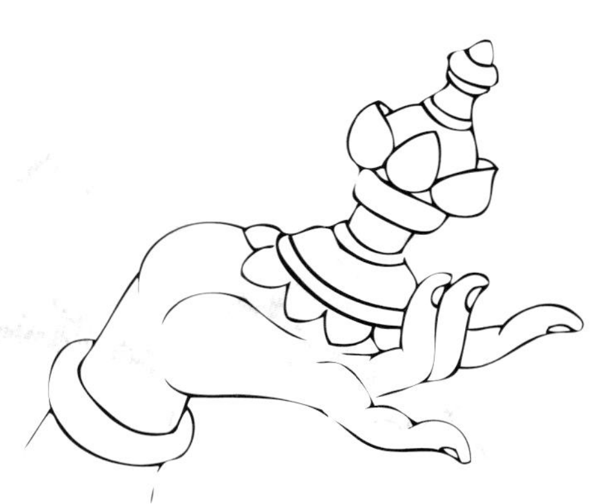

## 佛影禅境

5.8cmX4.1cm

佛寺孤庄千嶂间，我来诗境强相关。岩边树动猿下涧，云里锡鸣僧上山。
松月影寒生碧落，石泉声乱喷潺湲。明朝更蹑层霄去，誓共烟霞到老闲。

【唐】泠然

## 童子拜佛

8.3cmX6.8cm

这枚石头的画面，仿佛一个秋日的下午，山寺黄墙，庄严金刹，一位童子在佛尊前礼拜，既像是叩询佛理经法，又像是祈祷福佑。

童子拜佛，是中国民间艺术中常见的题材，多见于年画中，寓意为多子多福，子孙平安。有一幅著名的《弥勒戏童图》，方面大耳、欢天喜地的弥勒佛腆着硕大的肚皮在和一群儿童戏耍，扎着双髻的童子站在他的肚子上伸手欢笑，像在说着什么，一派祥和快乐的样子。

与此类似的还有观音送子，在乡村寺庙中很常见。

童子拜佛之说源于《妙池莲华经》，言是众皆可成佛，孩童亦不例外。偈云："……若于旷野中，积土成佛庙，乃至童子戏，聚沙为佛塔。如是诸人等，皆已成佛道。"

宋元以后盛行经变图，以图画阐说佛理，简明易懂，受到老百姓的欢迎，于是产生了大量的童子拜佛图。

在佛教典籍《华严经》中，有一个著名的童子，叫善财。传说其出生时，家中涌现出许多珍奇财宝，所以取名为善财。善财灵根聪慧，自幼拜文殊菩萨学习佛法，不久，文殊叫他找德云比丘求学，德云比丘又介绍他至海云比丘处参学……就这样参拜了53位法师，最后拜到普贤菩萨处，终于修得正果，得证佛法，这就是著名的"五十三参"的故事。

在小说《西游记》中，善财童子和龙女是观世音菩萨的侍从。

在南京雨花台石展上，有朋友赏此石，给予很高的评价，并吟诗礼赞：

莲台高筑晚云黄，观音大士正作场。

颔首善财童子拜，众生普度送吉祥。

## 跪拜活佛

9.1cmX7.5cm

这枚十分规整的石头，其部分画面呈灰黑色，与底色的黄色巧妙搭配，恰到好处地形成了一幅水墨画，具有一定的看点：左上方和中间有大片不规则的留空，左侧下有两人很虔诚地跪着双手行合十礼；右侧似山石，其上有一衣衫不整、头上戴着帽子的人，屈身弯腰向下看着顶礼人，似是人们所熟悉的疯癫和尚济公。那黑黄相衬、动静对比的造型，使整个画面构成了跪拜济公活佛的场景。为此，南京诗人吴家林先生给它起名为“跪拜活佛”，并赐诗曰：“身上袈裟破，济颠石上坐。惩恶扬正义，信徒拜活佛。”

说到疯癫和尚，人们就会想到电视剧《济公》的主人公济公，许多人是通过该剧才知晓济公的。其实，那是被艺术化了的形象，历史上确有其人。

济公，浙江台州人，法名道济。传说他的先祖李遵勖是宋太宗驸马、镇国军节度使。李家世代信佛。父亲李茂春和母亲王氏住在天台北门外永宁村，李茂春年近四旬，膝下无嗣，虔诚拜佛，终求得子。济公出生后，国清寺住持为他取俗名为修缘，从此与佛门结下了深缘。

相传，济公破帽、破扇、破鞋、垢衲衣，貌似疯癫，实际上却是一位学问渊博、行善积德的得道高僧，被列为禅宗第五十祖，杨岐派第六祖。他懂医术，为百姓治愈了不少疑难杂症。他曾经带着自己撰写的《化缘疏》，外出募化，修复被火烧毁的寺院。他经常云游四方，拯危济困，救死扶伤，彰善惩恶。道济善下围棋，喜斗蟋蟀，更写得一手好诗文。他每写一篇疏状，临安满城争相传阅。他徜徉山水，自得其乐，游履所至，挥毫题墨，文词隽永。

把玩此石，静观细品，看济公那生动有趣的疯癫形象，把我的思绪带入到电视剧《济公》的情景之中，“一身破烂行天下，除恶惩奸辨是非”，耳边仿佛响起了那首脍炙人口的歌：“鞋儿破，帽儿破，身上的袈裟破……”看着此石，触景生情，脑海中出现一些害群之马危害社会安宁的画面，不由得令我对天长叹：当下社会生活中，要能多上几个乃至成千上万个济公，那社会该变得多好啊！

## 转世灵童

6.4cmX5.9cm

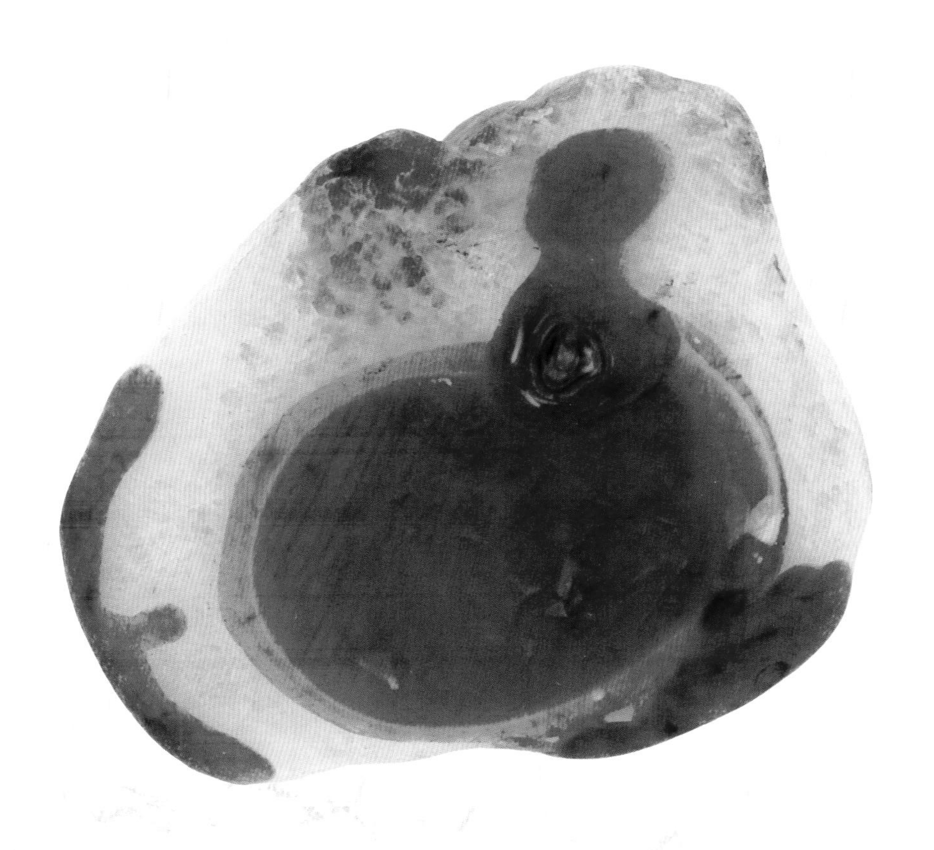

数十年前，淘获一石，质感、画面上佳。石中若一婴儿坐于赤卵之上，让人想起“天命玄鸟，降而生商”的远古传说。然其左下一线突起，似有一蛇昂起，又叫人联想到“赤帝子斩当道蛇”的传说。

此石如红霞瑞霭，沛乎苍溟，灵童赤子，端坐天地，实吉祥之兆，赋其名为“转世灵童”，既契合石意，又贴地气，一看石和文，世人皆懂。

说起转世灵童，作为世俗之人，未能解悟，只是胡乱想想而已，奢谈悟道参禅。但世间万理，本质同一。有时想，这雨花石也如世上诸人，有粗俗之辈，有平常之属，亦有少量卓越超群者，或灵异，或圆润，或晶莹，或明艳，卓尔不群，为好之者发现，爱之赏之，发挥其审美价值。我以为，这枚雨花石本身就是“转世灵童”啊！

被石界称为“雨花诗人”的两个好友王成柱、吴家林先生，读此石并歌而咏之。

王成柱先生诗曰：

人间万虑本为空，一绕红云便不同。
奇迹雨花石上见，吉祥转世记灵童。

吴家林先生诗曰：

雪域晶莹灿，红晕罩灵童。
活佛转世来，乾坤一片红。

## 修行道人

8.4cmX5.3cm

发髻高束素衣装，虔诚修行心境亮。
清苦悟道寻正果，乐善好施度沧桑。
【现代】吴家林

## 问佛

8.2cmX7.8cm

刹刹现形仪，尘尘具觉知。
性源常鼓浪，不悟未曾移。
【宋】释广原

## 灵山佛影

6.8cmX5.4cm

上界投佛影，中天扬梵音。
焚香忏在昔，礼足誓来今。
【唐】张九龄

# 洞悟

4.2cmX3.8cm

狂心歇处幻身融，内外根尘色即空。
洞彻灵明无挂碍，千差万别一时通。

【现代】圆瑛法师

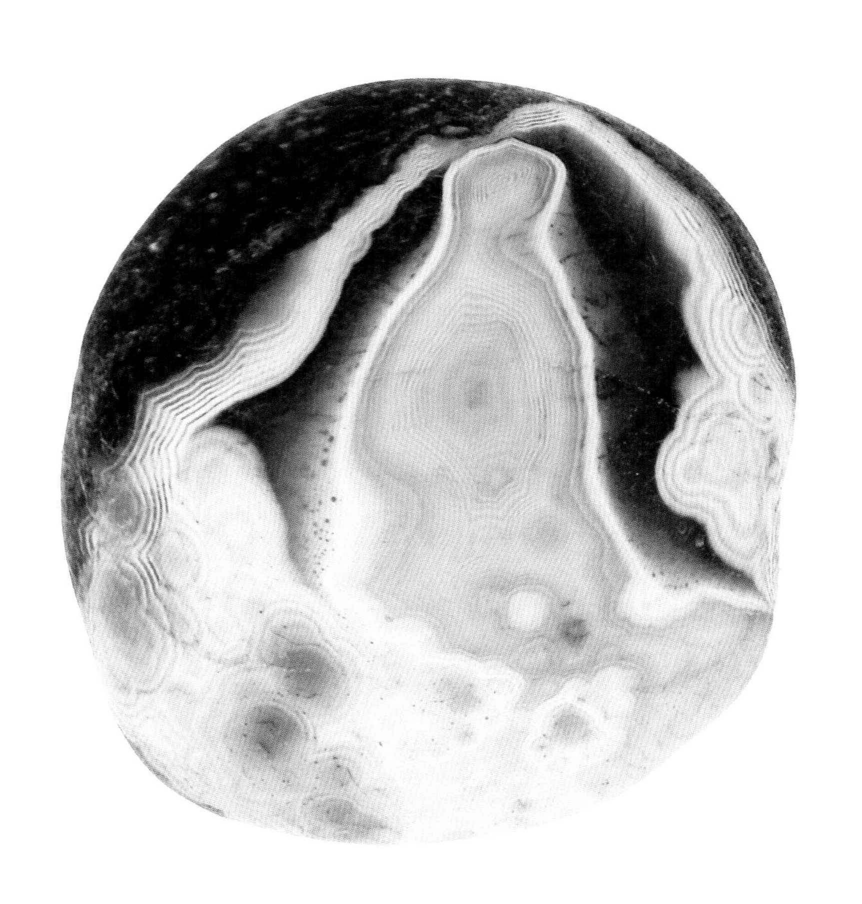

## 红佛归来

5.0cmX3.5cm

功德圆满有祥云，紫气东来几度闻。
方丈归披红百衲，庙前听响木鱼声。
【现代】王成柱

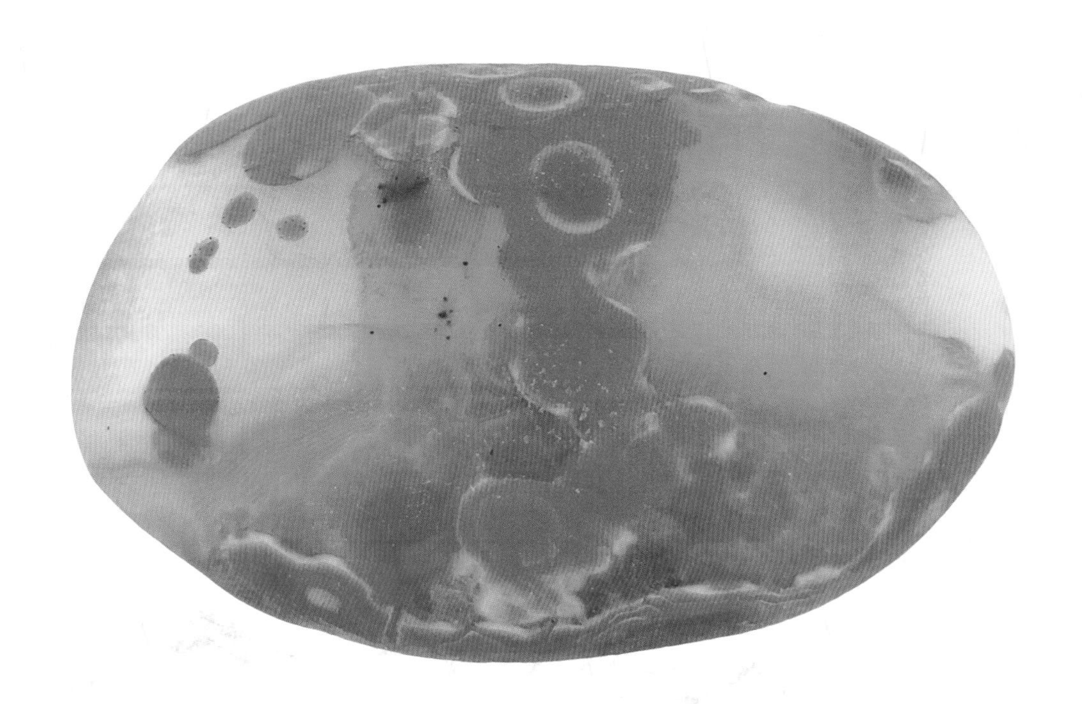

# 唐僧取经

6.3cmX3.0cm

西去诸峰千万层，帐房牛粪夜然灯。
马河只许皮船渡，戎地全凭驿骑乘。
青盖赤幡迎汉使，茜衣红帽杂蕃僧。
愧如玄奘新归洛，欲学翻经独未能。

【明】释季潭

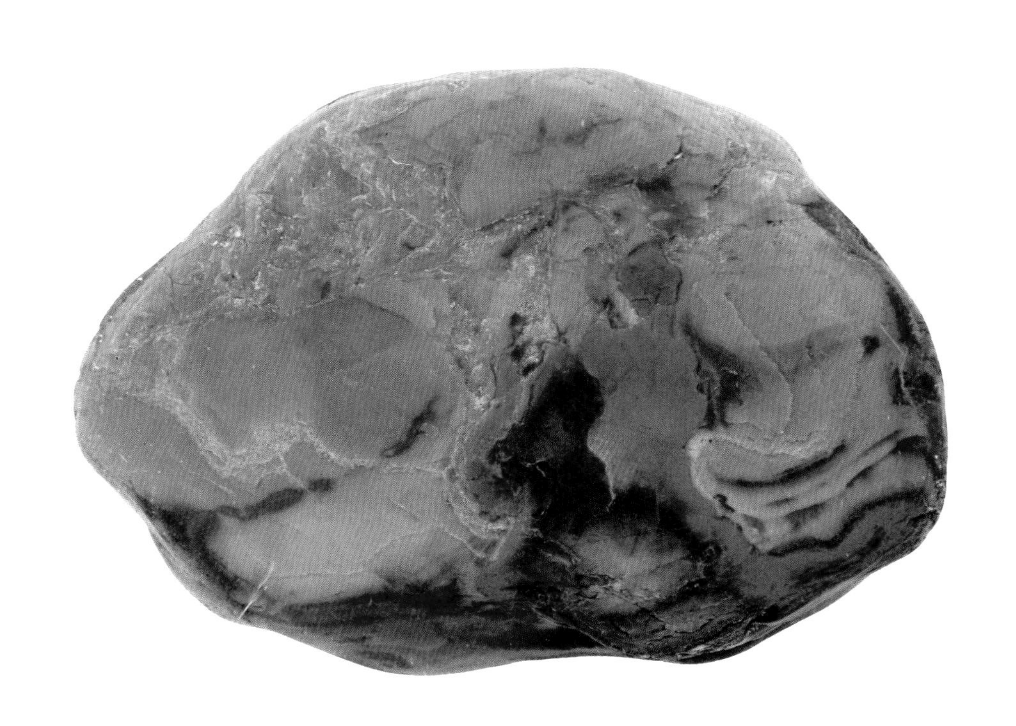

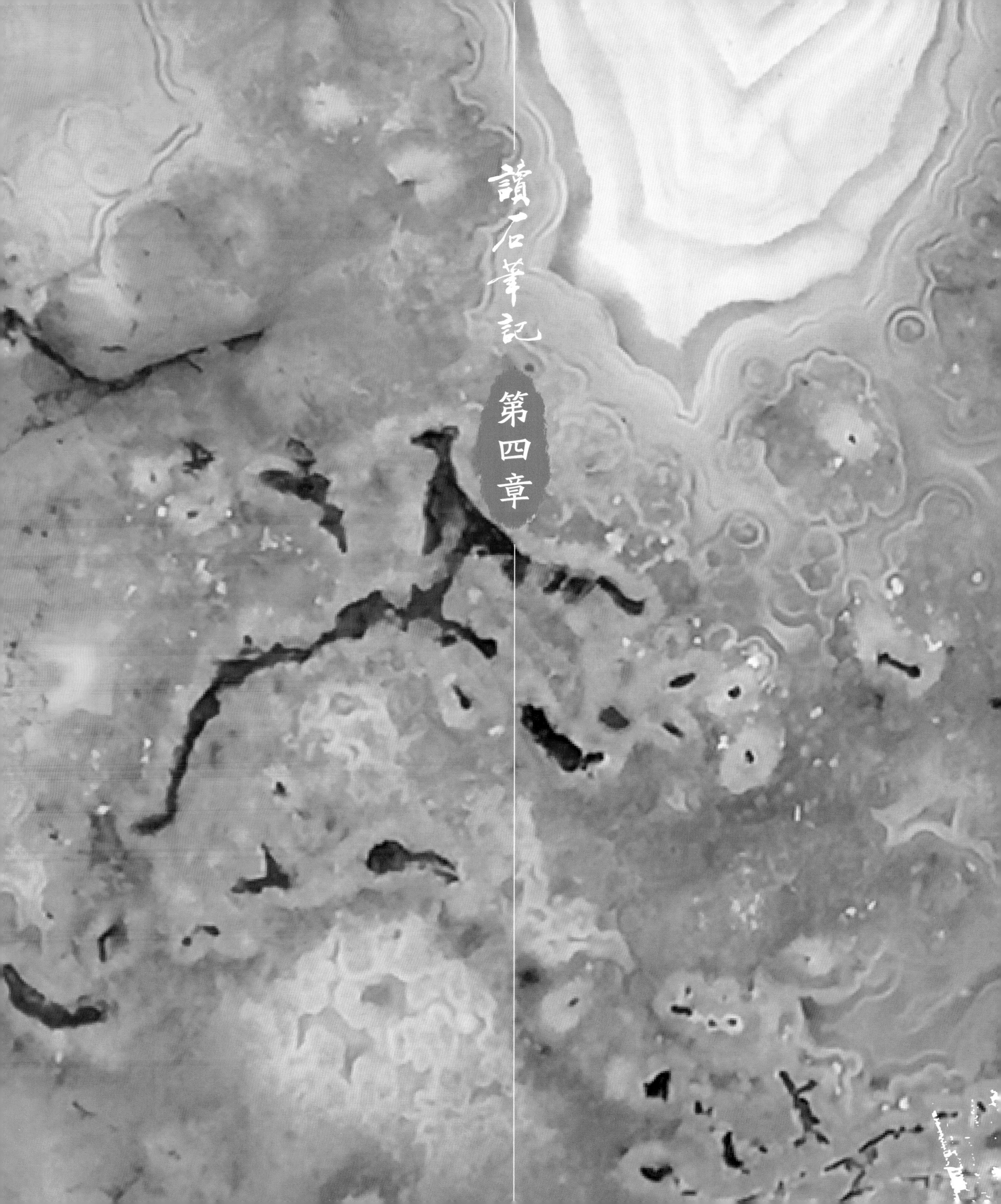

# 讀石筆記

## 第四章

# 众相集谛

## 唐宫侍女

近日，我用两枚雨花石组合创作了一幅作品，题名为“唐宫侍女”。

这幅作品上的女子，拘谨，低眉，恭顺，仿佛是刚刚入宫的少女，发髻如乌云般自然笼面，面孔圆润，符合唐人的审美。她身着锦襦，上绣有明霞样的图案。

这幅作品让我想起元稹的一首诗：寥落古行宫，宫花寂寞红。白头宫女在，闲坐说玄宗。

一朝身为宫女，少女的青春年华和梦想憧憬便葬入沉沉的宫殿中了，绝大多数的宫女都在单调辛苦的劳作和无边的寂寞中度过一生，这便是封建制度对人性摧残的一面。元稹的诗通过特定场景的描写反映了这一点。而另一首宫女自己题红叶的小诗就表现得更加真切了：流水何太急，深宫尽日闲。殷勤谢红叶，好去到人间。

美石的欣赏，并不是被动的行为，而是一个调动思维的过程，在对色彩、造型观察的时候，寻觅和发现其内在的意境，得出雅致、传神的赏析效果，方能给人以情趣之美、愉悦之感。

组石，是一个再创作的过程。合适的石头，是自然之物，可遇而不可求，这就需要爱石者具有丰厚的赏石底蕴和广博的知识积累，方能抓住一瞬，于万千之中慧眼识珠，选择材料，拼成妙品。俗话说，机会总是给那些准备充分的人的；又道是，胸有成竹，说的都是这个意思。

这幅组石作品，审美之高妙，创作之灵动，堪称臻品。南京好友王先生赏之，十分赞叹，并为之题诗四句：

组石一双天作功，唐宫侍女俏装容。

乌云覆额凝眉立，叹惜宫花寂寞红。

## 老阿姨

2014年马年央视春晚，一首温暖励志的歌曲《老阿姨》引起大众的关注，“老阿姨，老阿姨，亲爱的老阿姨……”，成为男女老少顺口便能哼唱出的曲调。

每当听到歌曲《老阿姨》时，我便想起前几年珍藏的一枚人物雨花石。此石上方为老妪头像，下方巧妙地配一身子，一位温文尔雅、气度不凡的老妇人形象便呈现在眼前。她，额头上布满了皱纹，深陷的眼睛上还架了副眼镜，干瘪的嘴角露出幸福的笑容，头上戴着针织的毛线帽子，一张饱经风霜的面容；身上穿着时尚的海浪纹棒针线衫，挺着略显富态的肚子。整个人物比例合理，色彩搭配恰到好处，惟妙惟肖，栩栩如生，给人留下极为深刻的印象。原来此石名为“老外婆”，春晚结束后更名为“老阿姨”。

据说，歌曲《老阿姨》取材于一段真实的故事。主人公龚全珍是开国将军甘祖昌的夫人。1957年，甘将军主动辞去新疆军区后勤部部长的职务，回家乡江西省莲花县坊楼乡沿背村务农，龚全珍相随而归。那年她才34岁。回到莲花，龚全珍一直从事小学基层教育工作，她甘于吃苦，全身心地扑在工作上。离休后，她积极开展革命传统、理想信念教育，倾力捐资助学、扶贫济困，开办“龚全珍工作室”服务社区群众。从青春岁月到耄耋之年，她为广大群众做了大量的实事好事，受到当地干部群众的尊敬和爱戴。2013年，龚全珍老人被评为第四届全国道德模范。

表彰会前，习近平总书记在北京亲切会见了全体道德模范，饱含深情地说：“我刚才看到这位老前辈，她就是我们的老将军甘祖昌的夫人龚全珍，她今年90多岁了，我看到她以后心里一阵阵的感动。”总书记介绍说：“甘祖昌是我们共和国的开国将军，江西籍的老红军。新中国成立后，他当了将军，但是他坚持回家当农民。我当小学生时就有这篇课文，内容就是将军当农民，我们深受影响。至今半个世纪过去，看到龚老现在仍然弘扬着这种精神，今天看到她又当选全国道德模范，出席我们今天的会议，我感到很欣慰。”向老阿姨致敬。这时，全场响起经久不息的掌声。

习近平总书记的一番话，不仅让龚全珍老人感动，也让全场与会人员和全国人民感动。这是发自肺腑的敬重，总书记说出了共产党人厚德敬老的心声。于是，音乐工作者们便把老人的事迹创作成歌曲《老阿姨》，借助音乐途径快速传播正能量，呼唤新时期道德新风重建，一代又一代道德模范精神力量的回归。

“老阿姨，老阿姨，亲爱的老阿姨……”边听着这优美熟悉的旋律，边欣赏“老阿姨”雨花石，我思绪万千，十分感慨：正是这种平凡而又伟大的吃苦奉献精神，激励和感动着人们。老阿姨的形象是多么崇高伟大啊！我以为，如果人人都能以老阿姨的胸怀去对待一切，这个世界将是多么纯洁、多么和谐、多么美好啊！

## 夕阳红

## 大头儿子小头爸爸

## 仙师

骨骼清奇似通神，阴阳傩面画晨昏。
扶乩打卦巧舌辩，仙师道行玄机深。
【现代】王成柱

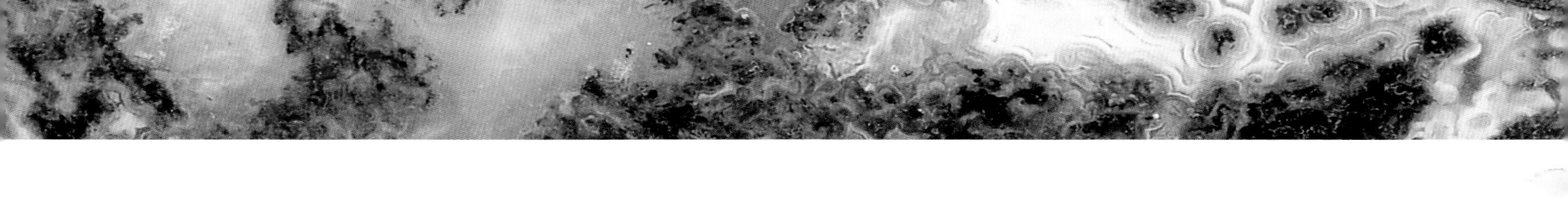

## 史老太君

## 刘姥姥

## 携手天涯

## 库尔班大叔

## 阿凡提

尼姑　　法师

## 母子俩

## 怒目圓睜

# 瞧这一家子

包祖婆

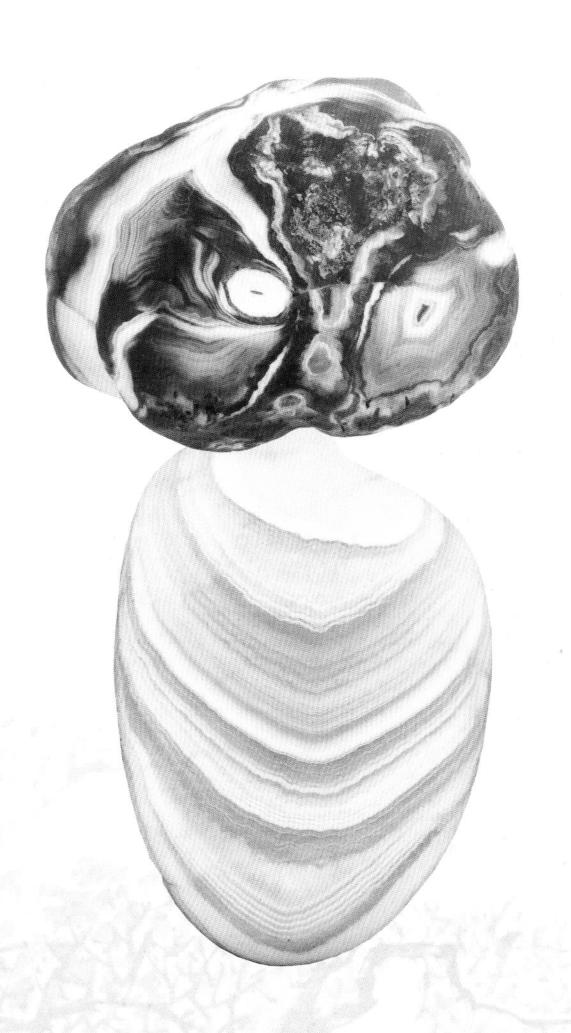

呐喊

## 外星人

## 笑口常开

# 相濡以沫

酋长

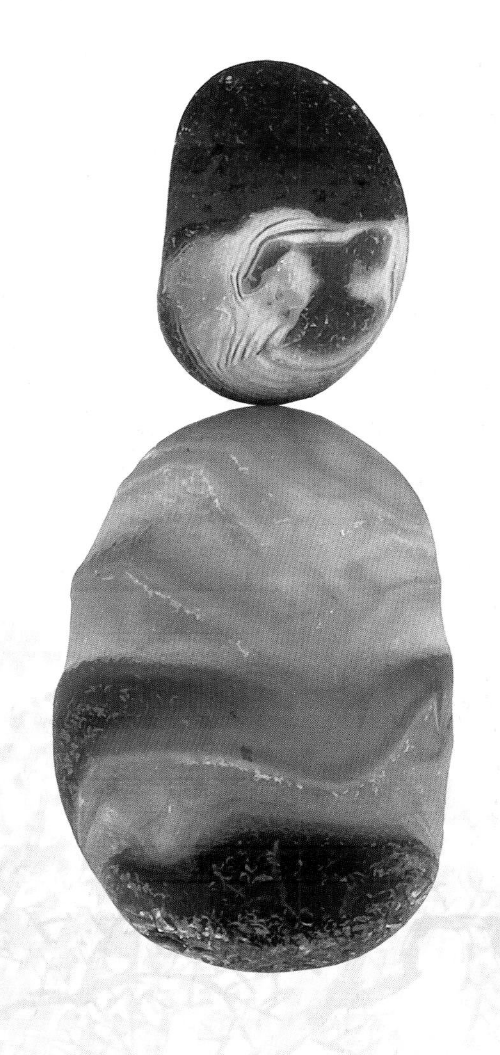

歌手好弟

# 夫唱妇随

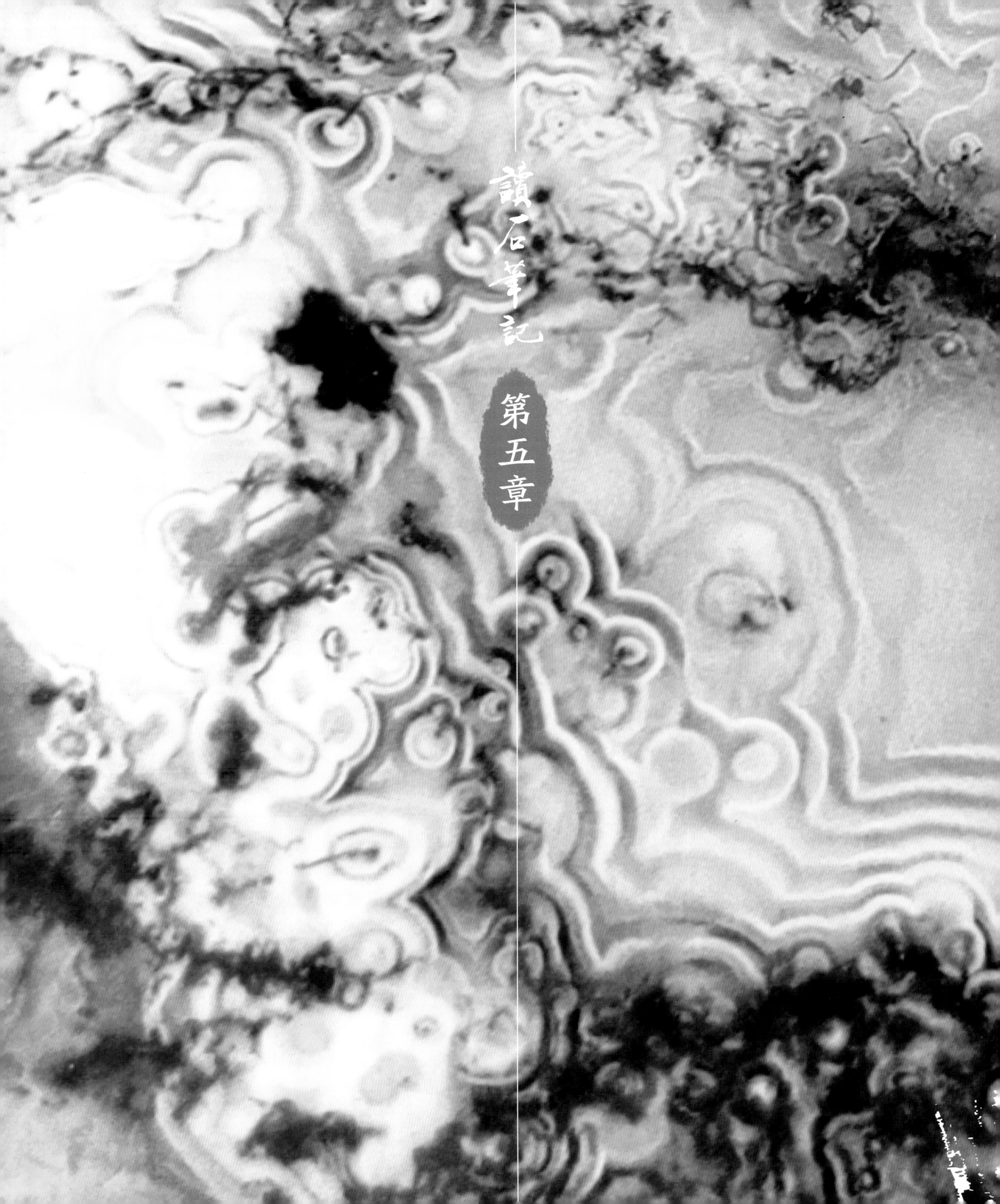

讀石筆記

# 第五章

# 仁者人也

## 天涯歌女

5.7cmX4.7cm

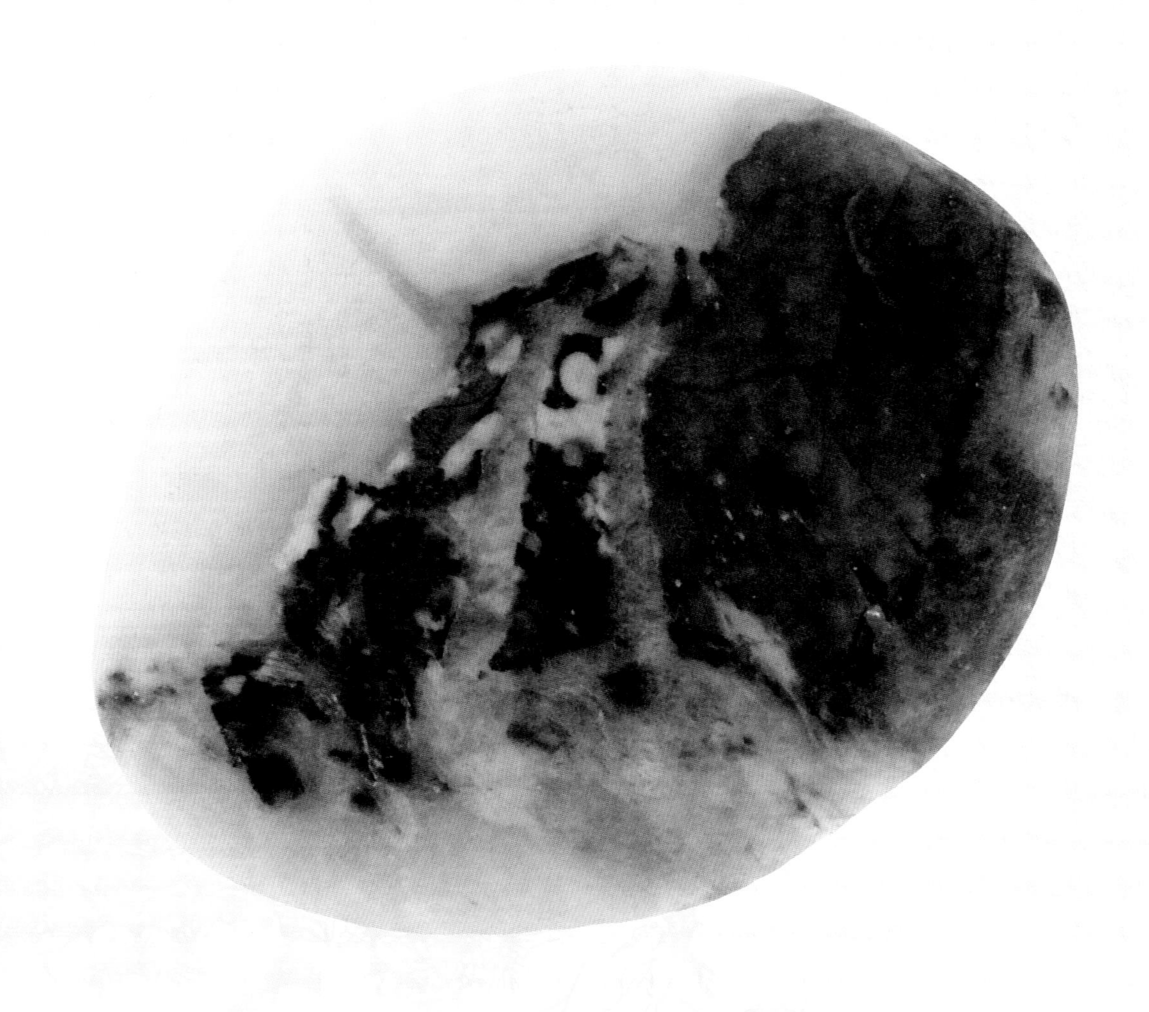

这枚石头，叫“天涯歌女”。

《天涯歌女》是中国电影《马路天使》的插曲。

这枚雨花石的画面，背景阴郁，仿佛一位歌女从逼仄的小巷转过弯来，暗淡的路灯模糊了她的脸，但她的身形依然清晰，身穿黑色吊带裙，踟蹰而来，拖着一身的疲惫，是不是刚从哪个酒楼出来，受到豪强无赖的戏弄嘲笑？她踉跄而行，诅咒却又不得不继续这样的生活。

歌伎这个职业，早在秦汉时就有记载。到了唐宋，市民生活丰富，在繁华的闹市，歌女表演成为达官贵人或文人骚客宴飨游乐的风雅内容之一。杜牧有“商女不知亡国恨，隔江犹唱后庭花”的感叹。《水浒传》中，鲁智深在酒楼中救出的金翠莲就是一个卖唱的歌女。

相传，大明皇帝朱元璋的家乡安徽凤阳，过去水旱频仍，一遇灾荒，百姓只好成群结队，逃去外乡乞食。男人有学得杂耍的，街头卖艺，女人则携带小鼓、竹板等简单工具沿街卖唱。朱元璋生在民间，深知家乡农民疾苦，除下旨蠲免粮税之外，还严令各处官府不得侵害这些卖艺卖唱的乡人。后来竟成为风俗，农民农忙时在家务农，农闲时则去往城镇卖唱，好像20世纪还有人见过。“手拿碟儿敲起来，小曲好唱口难开”，就是这样情形的真实写照。

时变则势变。如今的“歌女”也满天涯地忙，但不是被逼无奈，也不是求得仨瓜俩枣的饭钱，一旦走红，身价万亿，出入“架势”，虽往日权贵亦不可比，以至成青少年风向之趋。但良莠不齐，有追逐名利而不顾廉耻者，影响社会公德，如偷税、漏税之类，国家正在严加整治。

此石画意令人回味。朋友赏此石并咏之：

马路沉沉天使归，天涯一唱几嘘唏。

看他酒肉朱门臭，歌女饥寒唱一回。

## 南极仙翁

8.4cmX5.9cm

五年前，当“花甲”生日即将到来之际，我就张罗准备生日的纪念品了。作为玩石头的人，心仪的纪念品是想得一枚精美的雨花石。石头，本来就有寿石之意，寿星又是长寿的神仙。所谓世间诸福，惟寿为先。故而，寻找到寿星石是我的夙愿。

寿星石，当选择吉祥向善的仙道、佛僧等各色人物，或是生肖瑞兽。当然，万物人为尊，寿星石首选人物石，生肖次之。寻找此类石头绝非易事，虽经多方努力而未能如愿。后来，听说仪化玩家徐某有枚“南极仙翁”石头，若能获得，作生日纪念品那是“OK”极了。于是，我亲自出面商谈二三次，徐某见我执着要这枚石头，又是作生日纪念品，便欣然同意转让了。拿到此石，我心情有些激动，一时爱不释手。

这枚“南极仙翁”石头，是丝纹形成的人物石。画面中人物身体比例协调，头部特征明显，眼、鼻、嘴部细节清晰可见，面部表情显得格外慈祥，尤其是齐胸的雪白胡须。更妙的是，此石左上方大片丝纹绞络留白，尽显南极景致，宛如一只变形的仙鹤，正振翅欲飞。人物胸前似有一根拐杖，下方还有稀疏的不老松枝，恰到好处地使人物置身于特定的环境氛围，整体画面给人以祥和之感。

其实，备受人们崇敬的寿星，本是指一星宿，又名老人星，十二星宿之一。此星是天空中亮度仅次于天狼星的恒星，由于它在夜空中持续发光，应了人寿长久的意愿，同时又由于此星不常得见，古人以见此星为吉兆。史料称：“见则天下理安，故祠之以祈福寿。”据说，秦朝统一天下时就开始在都城咸阳建造寿星祠，供奉寿星。之后寿星逐渐演变成为一位主人寿长短的世俗神仙。其模样，一般都是高额头、大耳朵、短身躯，并拄过头拐杖。

生日吉兆喜得石，心情畅适乐逍遥。得到这枚仙翁石后，我不时地拿出来擦洗端详，保持着它的“慈颜容貌”，祈求它给我带来好运，带来健康长寿！



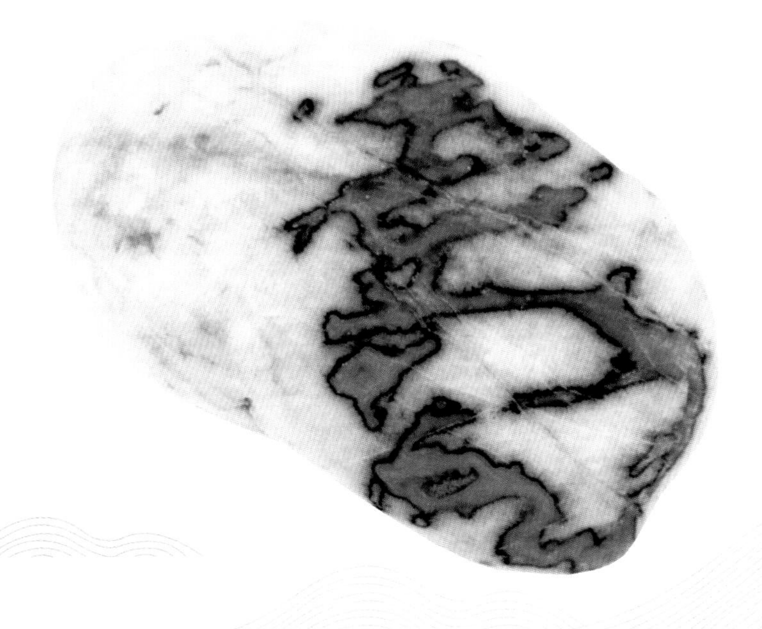

文字“寿”

7.8cmX4.5cm

## 洛 神

6.1cmX4.0cm

此石为丝纹玛瑙质地，我深为该石画面中的云水纹所吸引。它细腻、流畅，如拍岸微漪，虽工笔画亦不过如此。层层柔波中，几点圆圈，似月影轻漾，又似溅沫喷珠，加之水草浮绿，沙汀松风，倒是烘托出几分神话意境。

那影影绰绰、伫立水边的是美丽的洛神吗？

洛神，洛水之神也，上古亦名宓妃，传为伏羲氏之女，黄河之神河伯之妻。屈原《离骚》：“吾令丰隆乘云兮，求宓妃之所在。”司马相如《上林赋》具体描写道：“绝殊离俗，妖冶娴都，靓妆刻饰，便嬛绰约。”扬雄《思玄赋》盛赞：“咸姣丽以蛊媚兮，增嫮眼而蛾眉。”反正，说的就是漂亮。

到了三国时期，曹植的一篇《洛神赋》，将宓妃的形象做了进一步的升华，他写道：“翩若惊鸿，婉若游龙。荣曜秋菊，华茂春松。仿佛兮若轻云之蔽月，飘摇兮若流风之回雪。远而望之，皎若太阳升朝霞；迫而察之，灼若芙蕖出渌波。……体迅飞凫，飘忽若神。凌波微步，罗袜生尘。”

据说，这篇文赋是曹子建梦中与心爱的人儿欢会，醒后怅然，便下笔如飞记下那美妙的梦境。当今之世，美女如云，可谁能比得上三国才子曹植心中的洛神呢?

写到这儿即可搁笔了，但我又想起了另一则神话，名叫《柳毅传书》。

唐人李朝威的传奇小说《柳毅传》，说的是书生柳毅返乡途经泾阳，在泾河边遇一牧羊女，非常美丽，却又满面愁容，破衣烂裳，举止呆板，便忍不住关切地询问起来。女子欲言又止，最终哭诉说自己本是洞庭龙王的小女儿，远嫁泾河龙王的二儿子，但丈夫、公婆都对她虐待折磨，驱使她放羊，以至这般。说罢抽泣不已。得知柳毅正欲返回南方，龙女恳请他带封书信。柳毅慨然而诺，经一月跋涉来到洞庭，将书信送到。龙女得到解救，爱慕柳毅的忠诚信义，与之结为连理，过上了幸福的生活。

这幅石画是不是柳毅在泾河岸边，偶遇龙女的瞬间呢？抑或他带着龙女的嘱托来洞庭湖边，正在呼唤龙王呢?

此时此刻，忽然耳边响起了大型穿越剧《神话》的主题歌，怅茫、期待、忧郁，眺望远方。“万世沧桑，唯有爱是永远的神话。潮起潮落，始终不毁真爱的相约。”不论曹植对宓妃的心仪，还是柳毅对龙女的信诺，都是对美好的珍爱。

对这枚石头这样的赏读是不是恰当，我心里没底。不过，当赏读文在朋友圈发布后，许多石友给出了赞誉，人称“雨花诗人”的王成柱先生赏读后很是赞许，并填词一曲：

凌波微步，洛水春风度。曹子梦中犹怕误，墨染鲛绡丽赋。 当时神女悲情，浮云遥瞻贞心。自古闲说神话，无非美好人生。

## 东篱赏菊

6.1cmX4.5cm

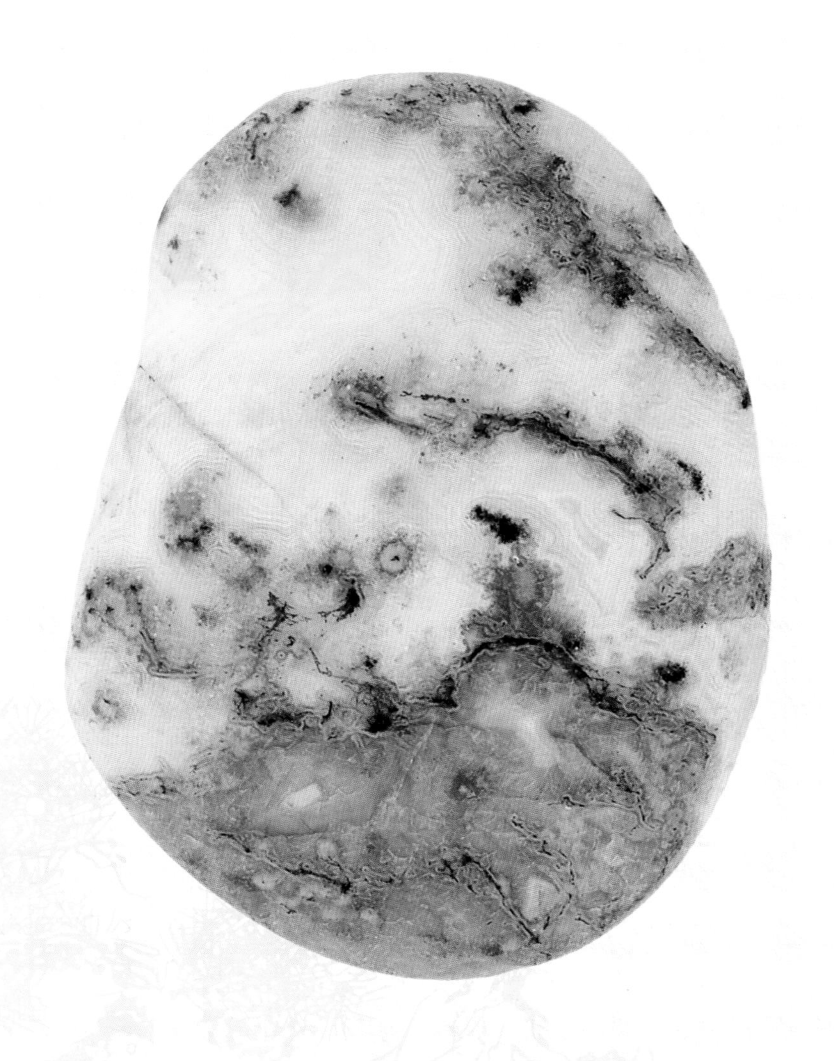

“采菊东篱下，悠然见南山。”这石头有此意境，故名“东篱赏菊”。

此石画面清晰，天公作巧，构图精妙，一幅《东篱赏菊图》跃然石上：岚烟乳白，南山鹅黄，漫山遍野的红花、黄花，把我们带入“遍地都是黄金甲”和“秋菊傲霜”的情境。更妙的是，石头下方似一座小山丘，一个红衣人独坐其上，面向前方观看盛开的菊花，他高高的发髻、富态的腰身、超凡脱俗的身影，宁静而又显孤傲。此人是谁？莫不是那位“不为五斗米折腰”的田园诗人陶渊明吧！

陶公爱菊花是出了名的。他的菊花情结又是从何而来的？据传，这与陶妻托梦有关。传说，陶公爱妻陈氏香消玉殒，魂归天国后，曾托梦于他，说自己是天上御花园中的菊花仙子，如今尘缘已了，返回天界，夫君日后若是思念她，就去东园看看那一簇菊花。后来，陶公果真看见东园青松西侧的院墙角，长出一株菊花，花枝上缀着三四朵硕大的花朵，色彩金黄、鲜艳无比，宛如一位通体透亮、光彩夺目的美人。陶公当即提笔写下了悼念亡妻的《闲情赋》，从此往后，他便迷上了菊花，在自己的东园辟了一块花圃，专门用来栽培菊花。他栽种的菊花品种各异，越种越多，且一年四季盛开，来观赏的人络绎不绝，浔阳一带无人不晓。不过，他园中的菊花，只供观赏，不准攀折，不得赠送亲友。一些富贵人家重金求购，也被他拒绝，于是有人戏称他为“菊痴”。

陶公是位博学多才的田园诗人，他爱菊花，赞美菊花，“怀此贞秀姿，卓为霜下杰”，“三径就荒，松菊犹存”。后人因其偏爱菊花之故，尊他为九月菊花之神。唐宋以来，许多达官贵人、诗词名家船行东流，登岸前往陶公祠拜谒先生时，留下了许多赞美陶公爱菊的诗篇，诗人们将菊花傲霜的品格与陶公崇高的气节融为一体。

“黄花本是无情物，也共先生晚节香。”陶公虽有大济苍生的政治抱负，但仕途生活使他看透了官场的腐朽和仕途的险恶，感到与其与黑暗的势力同流合污，不如退归田园，保全自己的品格和气节。义熙元年（405）的一天，他借去武昌妹妹家奔丧之机，把大印挂在县衙的大堂上，辞官归田，只当了不到四个月的县令。陶公仙逝后，人们仰慕其品格，按食菊花乘云升天，得道成仙的说法，把他说成是菊花所化，称他为“菊仙”。

“今人不见古人风，古石却留圣人影。”这块小小石头，使我们得以穿越时空，感受到先贤的情怀，也再现了一位满怀抱负、无以报国的诗人形象。

## 老父亲

6.0cmX4.9cm

一个空皮囊包裹着千重气，一个干骷髅顶戴着十分罪。
为儿女使尽些拖刀计，为家私费尽些担山力。
你省的也么哥，你省的也么哥，这一个长生道理何人会？

【元】邓玉宾

# 老母亲

5.0cmX4.0cm

孔子著孝经，孝乃德之属。
父母皆艰辛，尤以母为笃。
胎婴未成人，十月怀母腹。
渴饮母之血，饥食母之肉。
儿身将欲生，母身如在狱。
惟恐生产时，身为鬼眷属。
一旦儿见面，母命喜再续。
爱之若珍宝，日夜勤抚鞠。
母卧湿草席，儿眠干被褥。
儿睡正安稳，母不敢伸缩。
儿秽不嫌臭，儿病身甘赎。
儿若能步履，举止虑颠状。
哺乳经三年，汗血耗千斛。
儿若能饮食，省口资所欲。
劬劳辛苦尽，儿年十五六。
慧敏恐疲劳，愚怠忧碌碌。
有善先表扬，有过则教育。
儿出未归来，倚门继以烛。
儿行千里路，亲心千里逐。
孝顺理当然，不孝不如禽。

【明】朱用纯

## 马上封侯

7.5cmX4.8cm

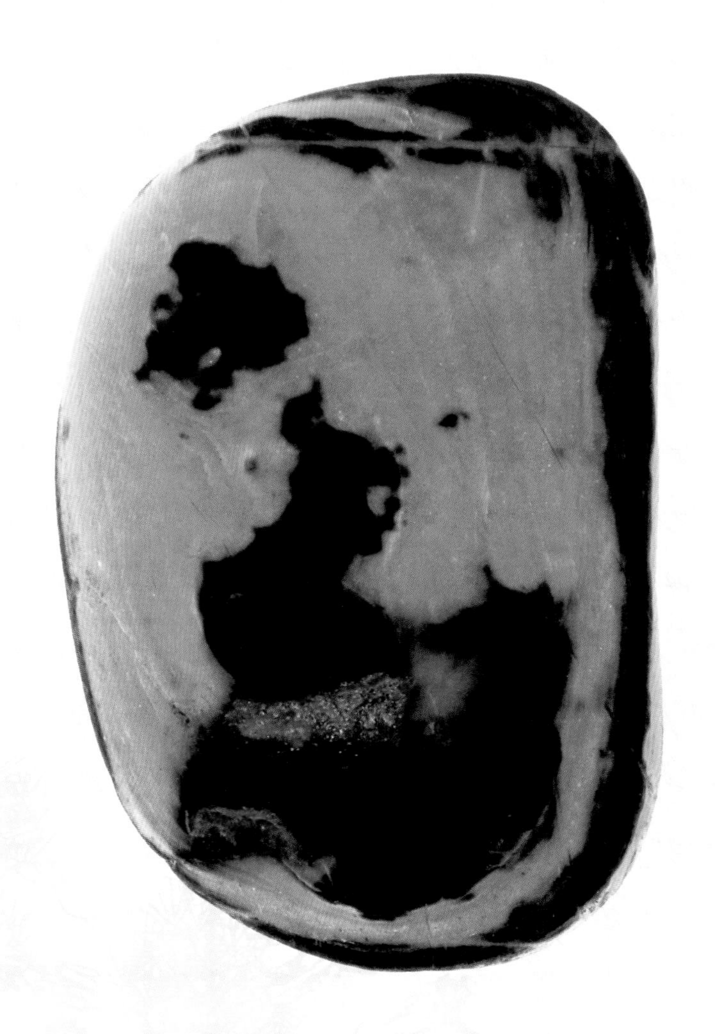

欣赏雨花石，除了色彩要素外，就是意蕴了。既有色彩又有意蕴的石头，就是枚极为难得的极品了。然而，虽无色彩却有意蕴的石头，也不失为是枚可赏之石。

这是枚油泥石，石的中间有一匹奔驰的骏马，只见它蹄下生辉，奔腾向前。而马背上站着个猴子，它身体前倾，两腿弯曲，在马背上玩耍，天空中有朵云飘过。那马回过头来，瞧瞧背上玩耍的小猴，显露出亲切和善之态。仔细端详此猴、此马神态，这不是一则人们熟悉、喜欢的典故“马上封侯”吗？怪不得此马脚下生烟，跑得欢，原来它是去拜相封侯。这真是：“玉山似果祥云天，马上封侯位居巅。腾云驾雾马蹄疾，封侯拜相喜庆添。”

《礼记·王制》载：“王者制禄爵，公、侯、伯、子、男凡五等。”侯爵，为五等爵位的第二等，仅次于公的爵位，在此指高官厚禄。马背上骑只猴，“猴”谐音王侯之“侯”，“马上”有即刻很快之意，意味着马上就能升官晋爵，公侯万代，步步高升，大吉大利。

封相为官至极品，历代能有几人？“生当鼎食死封侯，男子生平志已酬。”为“侯”者，仆役千户，赋税万顷，举国仰慕。可见，“侯”的身份，是权贵的象征。千百年来，文人雅士、丹青高手将“猴”画得惟妙惟肖。以“猴”寓意“侯”相，算作一种寄托。不过，随着时代的变迁，“侯”早已不存在，“猴”却依然受到人们的喜爱。其因机敏、聪慧、调皮的可爱相，为世人关爱和保护，更成为画家笔下的“常客”。

这枚雨花石形和意融为一体，十分难得。观赏此石，让人感慨万千，浮想联翩，陶醉无语，悟得其中。我以为，这恐怕就是雨花奇石的魅力所在吧。

## 贵妇人

5.8cmX4.7cm

罗裙羽帽意娉娉，欲揽春光陌上行。
虢国夫人朱丽叶，侯门玉女最妖矜。
【现代】王成柱

# 东方维纳斯

6.7cmx5.3cm

异域风情共赏媛，浪漫无边，风月无边。美中不足更婵娟，妙在肢残，贵在天残。
菩萨雍容胜比仙，遗梦长安，普惠西安。天宝奇珍石上观，穿越千年，永久延年。

【现代】于炳战

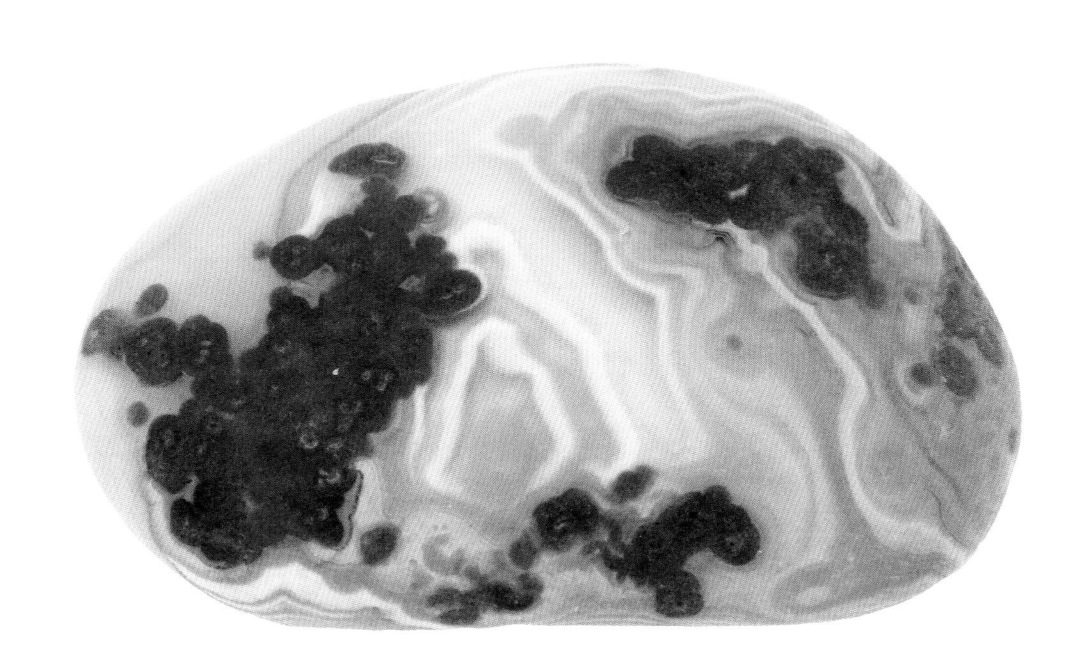

## 太阳神

7.0cmX6.5cm

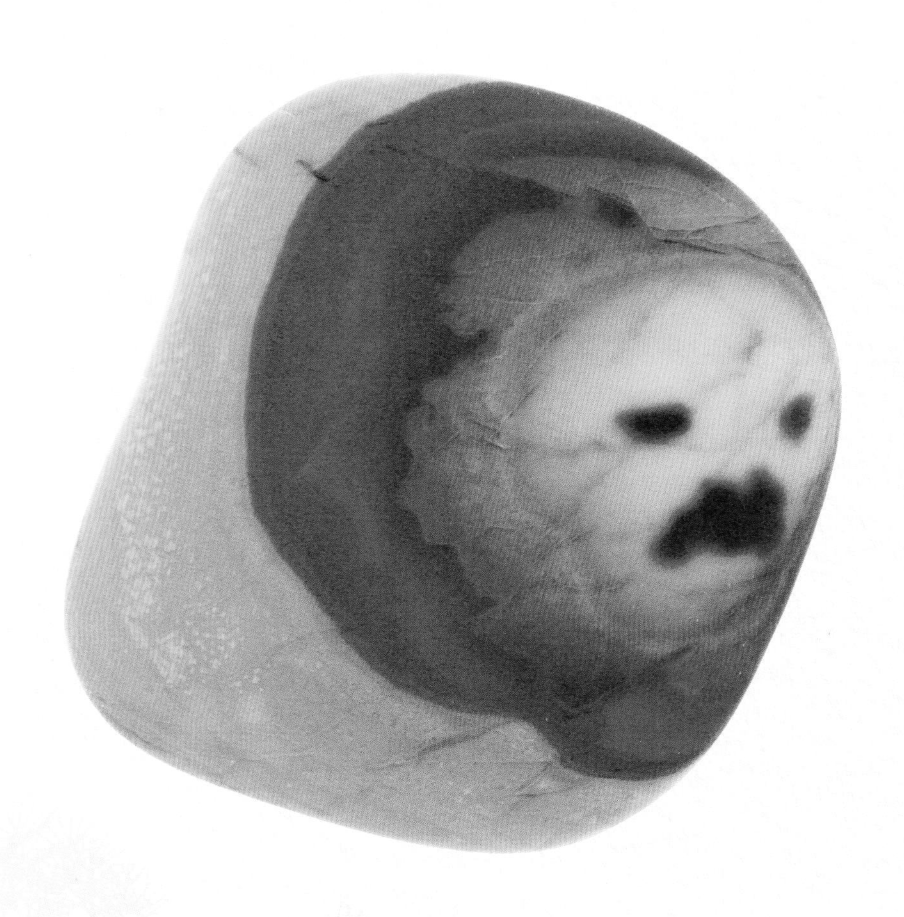

这枚雨花石，呈现的画面与古希腊“太阳神阿波罗”的神话传说有着惊人的相似之处，遂定名为“太阳神”。你看，太阳神在天空中显露着慈祥、温暖、和善的脸庞，面向地球释放着无穷无尽的光和热，给人类和万物带来光明和能量。

太阳神阿波罗，又名福玻斯，意思是“光明”或“光辉灿烂”。在古希腊神话中，阿波罗被称为光明之神。他是天神宙斯与女神勒托所生之子。当初，神后赫拉发现宙斯与勒托要好，怒火冲天，她残酷地迫害勒托。后来，勒托在海上找到了一个藏身的小岛——得洛斯岛。这是一个浮岛，常在大海上漂浮。在岛上的一个山洞里，勒托生下了一对双胞胎。男孩取名为阿波罗，女孩取名为阿尔忒弥斯。母子三人在岛上过着无忧无虑的生活。可是好景不长，赫拉发现了他们，派一条恶毒残忍的巨蟒前去杀害勒托母子。巨蟒在渡海时被海神波塞冬发现，波塞冬便掀起大风大浪挡住了巨蟒的路，使勒托母子免遭伤害，最终回到奥林匹斯山众神行列之中。青年阿波罗为民除害，杀死了那条巨蟒。人们为了表达对英雄阿波罗的敬仰，修建了一座阿波罗庙。

后来，阿波罗成为举世闻名的太阳神。他高居于天上，住的宫殿周围有高大发光的柱子，上面镶着黄金和火红的宝石。其左右有日神、月神、年神、世纪神和四季神等。每当黑夜即将过去，住在东方的黎明女神就会醒来，打开阿波罗寝宫的大门。当清晨的星星越来越稀少，直至看不见时，阿波罗便驾着由四匹骏马拉着的太阳车，在天空上巡视大地，将光明和温暖带给地球上的人类和万物。

这个十分动听的神话故事，给我留下了最美好的印象。不过，太阳对地球有巨大的影响，远古人对太阳的科学认识进展得很慢，故而把太阳当作神灵来崇拜。在东西方许多文化中都有关于太阳神的传说，比如中国太阳神叫羲和，日本叫天照大神，印度叫苏里耶等。其实，在茫茫宇宙中，太阳只是一颗非常普通的恒星，因为它离地球较近，所以从地球看上去是天空中最大最亮的天体。对太阳的认识，直到十九世纪初期，科学家才对太阳的物质组成和能量来源有了一点认识。直至今日，人类对太阳的了解仍在探索之中，还有大量有关太阳活动方面的未解之谜等待着人们来破解。

看着“太阳神”美石，我想起一位哲人曾说过：阳光比金子还重要。在这数九寒天里，我久久凝视着此石，如痴如醉，似梦似幻，产生了无限的想象空间与美好向往，我感觉沐浴在温暖的阳光之下。

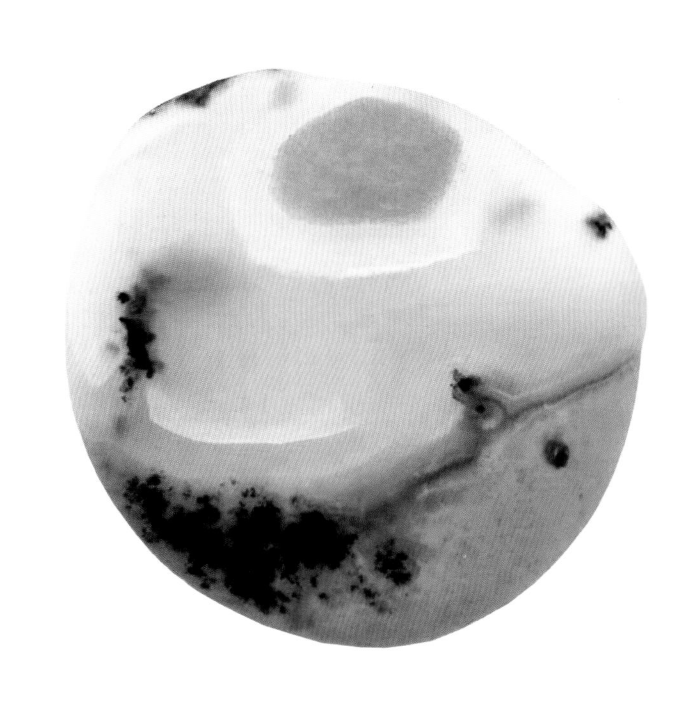

天上人间
3.8cmX3.7cm

## 天使之眼

静若听风水，动如望月萍。温心默默慰神经。一笑春光灿烂、露花盈。
所向诛新冠，威加破瘦情。白衣天使数精英。背后含辛茹苦、未知名。
【现代】于炳战

5.0cmX4.6cm

4.2cmX3.8cm

## 飞天

9.0cmX8.5cm

三清弄玉秦公女，嫁得天上人。
琼箫碧月唤朱雀，携手上谒玉晨君。
夫妻同寿，万万青春。

【唐】鲍溶

## 东郭先生与狼

6.8cmX4.8cm

此石人物、动物同框：右边是身着古代衣帽的老者，气度不凡；左边一只直立的狼，它前爪拉住此公衣裳下摆，腿爪上几点斑斑锈红，似受伤了流血。整体画面似人与狼在对话，故借用寓言故事给此石定名，就再合适不过了。

这寓言故事说的是有个姓东郭的人，在前往中山国求官路上，突然遇到一只受伤流血的狼。猎人逼近，那狼哀叫。东郭看它可怜，就把狼装进放书的口袋里。猎人追来时，东郭先生推说不知，救了狼的命。

猎人走后，狼钻出口袋就凶相毕露，说肚子饿，要把东郭吃了充饥。东郭先生说它恩将仇报，要找人评理。他们先请老树，再请老牛，一个说不清楚，一个怕管闲事。最后找到一位老农夫，老农夫听了原委后，要他们把经过情形再表演一遍。于是，狼钻进口袋，老农夫立即把袋口扎紧，用锄头把狼打死。最后，老农夫批评东郭："你对狼讲仁慈管用吗？简直太糊涂了。"东郭先生感谢老农夫救了他的命。

精彩的故事，被浓缩定格在这枚小小的雨花石上，给人以丰富的想象与启迪。狼总归是狼，吃人是它的天性，永远不会改变。东郭把"兼爱"施于恶狼身上，因而险遭厄运。"兼爱""友善"用于像狼这样的人，其结果便是可怕的。

现实生活中，"东郭先生"大有人在，但"中山狼"也不在少数，尤其可恨的是那些戴着各种各样伪装面具的"狼"，让你防不胜防。在这方面，恻隐也好，同情也罢，一定要防"狼"有术，否则，只会伤害了自己。

寓言提醒人们，"兼爱"思想是中华礼仪之邦的传统美德，应该施于有爱、有真情实意的人，而不应该施用于像"中山狼"一样忘恩负义、恩将仇报的人。

## 飞舞的裙角

6.2cmX5.1cm

案前舞者颜如玉，不著人家俗衣服。

【唐】白居易

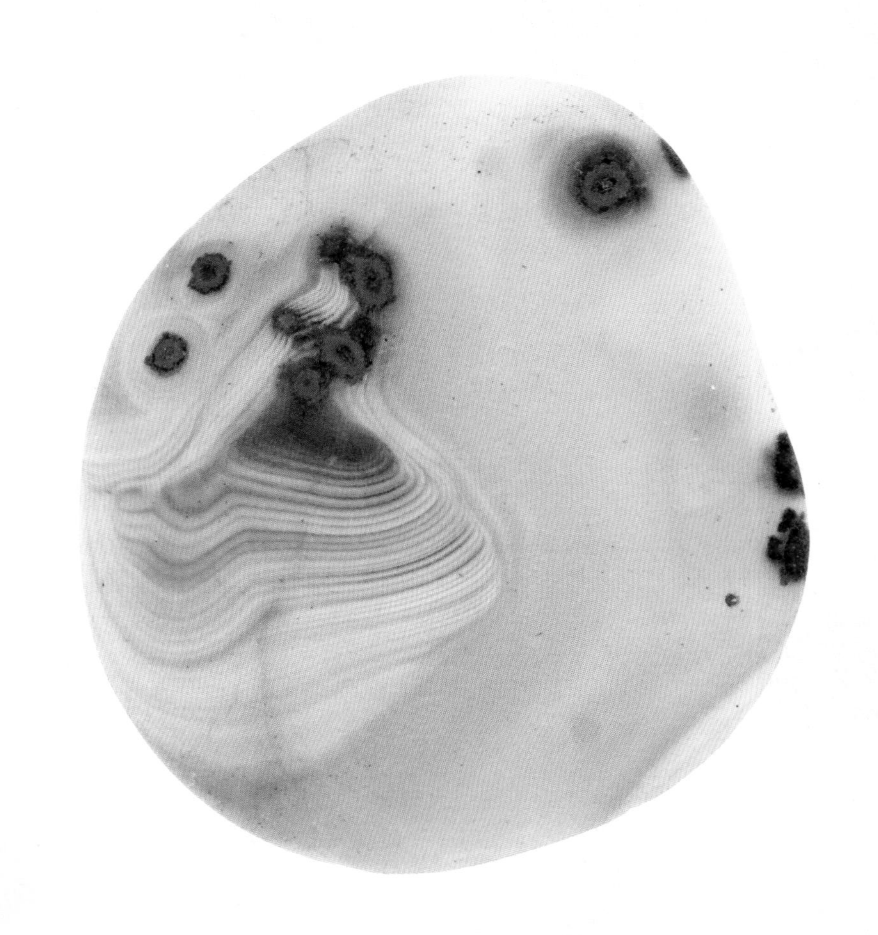

## 倩影舞中秋

5.2cmX4.4cm

起舞弄清影，何似在人间？

【宋】苏轼

## 独钓寒江雪

5.7cmX5.0cm

池澄先生曾在一本书中讲过这样一句话：“欣赏雨花石，色彩是很突出的要素。绿少，紫稀，金鲜，蓝贵……”其实，雨花石品种较多，远非这些，其他雨花石品种，同样可出佳色珍品。

这枚为松香石，画面呈现出一个穿蓑衣、戴斗笠的人坐在冰天雪地的江边垂钓的图像，契合了柳宗元所描写的正襟端坐满天风雪中独钓的形象，故取柳宗元《江雪》诗中名句“独钓寒江雪”作为石名。

据说此诗是诗人贬谪生涯的自我写照。永贞革新失败后，柳宗元等一批革新派，被流放的流放，贬官的贬官。这就是轰动唐朝并在中国历史上也颇为罕见的“八司马事件”。柳宗元先贬为邵州刺史，半路上再贬为永州司马。从改革事业辉煌的高峰，突然被一阵罡风扫落到阴冷的低谷，从车如流水马如龙的长安，远贬千里外人烟稀少的蛮荒之地，他的全衔是“永州司马员外置同正员”，实际上是戴罪的政治犯。柳宗元到永州不及半年，随他南来的老母卢氏病故。而他这个北方人也同样不服水土，加之长期的贬谪，沉重的政治压抑和思想苦闷，使柳宗元百病交侵，享年不永，47岁即卒于柳州贬所。

然而，柳宗元贬在永州的十年，却是他文学创作的黄金时期，在艰难困苦中他写出了一系列的不朽诗文，其中《江雪》更是绝类楚骚之作。我每当读这首诗时，心里就无端冰冷，感觉世界也忽然空旷起来，仿佛没有一丝暖气，有的只是永恒的孤独。要说有什么感动的话，我以为真正能感动我们的，应该是那个逆境中脆弱伤感而又坚强不息的灵魂吧！

此石看似是静止的画面，却有着特别的韵味，凄凉的历史故事给世人留下了悠长的回味。

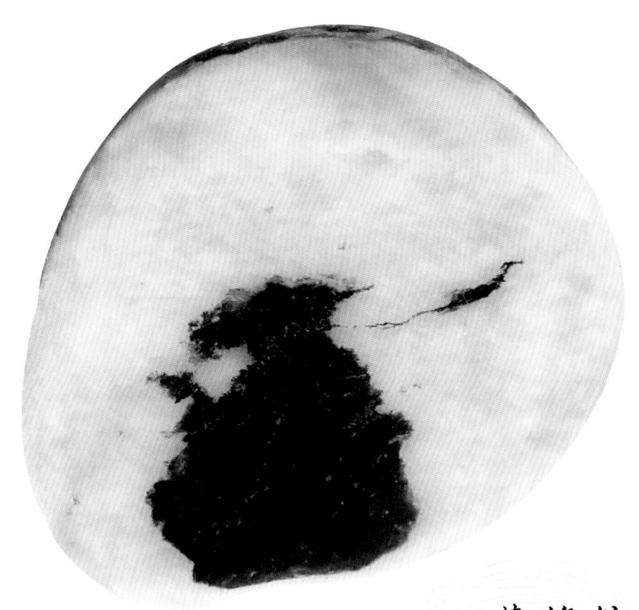

蓑笠翁
5.6cmX5.0cm

## 高士赏秋图

8.0cmX7.5cm

秋风起兮白云飞，草木黄落兮雁南归。兰有秀兮菊有芳，怀佳人兮不能忘。
泛楼船兮济汾河，横中流兮扬素波。箫鼓鸣兮发棹歌，欢乐极兮哀情多。少壮几时兮奈老何！

【西汉】刘彻

## 登月

5.0cmX3.0cm

这是一个人的一小步，却是人类的一大步。

【美】尼尔·奥尔登·阿姆斯特朗

## 细君思乡图

5.5cmX4.0cm

这枚人物石子，反映了2000余年前扬州姑娘刘细君和亲乌孙草原思念故乡的情景。

刘细君是正统的汉室公主。其父是江都王刘建。刘建企图谋反，未成自缢，细君母以同谋罪被斩。当时，细君因年幼而幸免于难。据传，细君的叔叔刘胥被封为广陵王，派人找到了流落民间的侄女刘细君，并安排专人教授细君典章、音乐、歌舞和礼仪，使其渐渐成长为一位才艺双绝、声名远播的美女，其芳名一直传到了京城。

汉武帝为联合乌孙国对抗匈奴，决定应乌孙国王的要求与其和亲，于是封色艺双全的刘细君为公主，远嫁乌孙国王昆莫（乌孙王号）猎骄靡。细君到了长安，受到汉武帝的接见。西行之日，武帝又“赐乘舆服御物，为备官属宦官侍御数百人，赠送甚盛”。刘细君在汉宫威仪的簇拥下，度过千山万水，克服重重困难，终于来到乌孙，成为昆莫猎骄靡的右夫人。嫁到乌孙后，刘细君因其知识渊博、多才多艺、不卑不亢而赢得了乌孙国上下的敬重。几年以后，昆莫死，细君谨遵令谕，从属国俗，下嫁其孙军须靡，生下一女，名叫少夫。因心情抑郁，思乡成疾，细君公主不久就结束了人生的最后旅程，永远长眠在乌孙的大草原上。

刘细君，是中国史册上记载的和亲第一人，此举换来了汉乌友好六十余载。不仅如此，她还充当了汉文化的传播者。她写下了让汉武帝“闻而怜之，间岁遣使者持帷帐锦绣给遗焉”的《悲愁歌》：“吾家嫁我兮天一方，远托异国兮乌孙王。穹庐为室兮旃为墙，以肉为食兮酪为浆。居常土思兮心内伤，愿为黄鹄兮归故乡。”这首诗后来被班固收入《汉书》，后又入《玉台新咏》，堪为绝调。凡此种种，历代文人都把她作为吟咏的对象。白居易、李颀、黄庭坚、刘师培、赵朴初，都有诗文赞誉。

此石图景酷似一幅画：一望无际的草原，绿草如茵，鲜花正妍，刘细君在仕女们簇拥下，伫立在草原深处。她身着红披风，头上扎着高高的发髻，手捧武帝诏书，面向东方，低头陷入了沉思之中。画面动静结合，风吹草动、衣袖飘逸与人物低头沉思，形成鲜明的对比，引人入境。

2006年，我曾到伊犁州拜谒细君墓并参观由江苏省扬州市援建的纪念馆。作为扬州人，出于对细君公主的敬意，我们在其塑像前深深地行了鞠躬礼！

## 武松打虎

6.9cmX5.8cm

古色古香宋时装，壮士挺身虎背上。
挥臂抡拳除虫害，谁说三碗不过冈？
【现代】吴家林

# 远古狩猎图

9.2cmX7.6cm

太古蛮荒纪，虫蛇林莽深。草衣褴褛者，狩猎见先民。
投掷石矛远，巡山逐兽行。暮云部落晚，篝火正通明。

【现代】王成柱

## 执子之手

6.5cmX4.1cm

“执子之手，与子偕老”，这句话出自《诗经·邶风》的《击鼓》篇，大意是：我也曾紧紧握着你的手，说要与你永不分离，白头到老。它千百年来一直被人们传诵，成了生死不渝爱情的代名词。

觅得一石头，其画意与诗意相谐：水天相接的湖边，有一棵大树，还有一座拱桥，旁边一对男女并肩坐着，似在窃窃私语。夕阳的余晖，洒落在人物和景物上，看上去是一幅十分温馨的画面。

静观石景，我被其画意所感动，触景生情，我记起前不久在公园里所看到的一幕。

那是一个星期天的下午，夏日的晚霞在夕阳的映照下，分外的亮丽。我陪伴小孙女到公园去游玩，风挟着酷暑的余热扑面而来，让人感到有些闷热，不过小孙女不顾这些，尽情地在公园里玩耍，感受自然中的一切惊喜。我也童心大发，与小孙女一块互动游玩，尽可能地让她开心，度过愉快的周末。

忽然，我们的对面走过来一对银发老夫妇，男的背有些驼，女的脚好像有点跛，走路一拐一拐的。老夫妇俩互相搀扶着，对着河里游泳的人指点着什么。说到高兴处，两个人就相视大笑。走近他俩身边的时候，看到那老爷子从袋子里掏出一方小手帕，轻轻地给老奶奶擦去额角和鼻尖的汗珠，满含爱怜地说："你看都出这么多汗了，走累了吧，到那边石凳上坐坐去！"老奶奶也用手里的小手帕替老爷子细心地擦汗，目光里竟有些小女孩的娇羞和妩媚。他俩就这么互相地笑着望着，好像是对热恋中的情侣似的。我的心一下子被触动了，感动的液体慢慢爬至眼角，这一情景就这么永远地定格在我的心中了。

看到这一幕，若有所思，心中在想：如果两个人在白发苍苍的时候，还能这么相依相恋，那该是一种怎样的幸福啊！所有炽热的情语在这对老人面前，都显得是那么地苍白无力。爱不需要说出来，只要你一个温柔体贴的动作，只要你一个含情脉脉的凝视，只要一块哪怕只有手掌大的小手帕，也能让它如泉水般四溢，温暖地浸润你的心田！于是，我会心一笑，自言自语地说："一个人，若得情如此，若得伴如此，作为人夫人妻的，还有什么不满足的呢？"

"爷爷走啊！"小孙女的叫声打断了我的思绪。我拉着小孙女的手继续往前走。在与老夫妇擦肩而过时，他俩笑望着我们，我跟他们点头打招呼，并问他俩："高寿了？"老爷子诙谐地告诉我："小呢！她41公岁，我42公岁。"小孙女很礼貌，叫了声："老祖好！"老爷子弯腰刮着她小鼻子笑着说："真懂事，乖！"孙女蹦蹦跳跳地向前跑去。我望着孙女欢快的背影，望着这对惺惺相惜的老人，脑海中憧憬着：不远的将来，我将老去，在夕阳下缓慢地和老伴散步的图景。心顿时被温馨和甜蜜充盈。

谁说"夕阳无限好，只是近黄昏"？如果在人生的最后几年里，你最爱的人还能和你一起相依为命，携手看斜阳，就算短暂，也是最美好的！那会是一种多么难得的幸福啊！"执子之手，与子偕老。"两个人要怎样的缘分，要经过多少生活的磨炼，才能够拥有这种幸福啊！

天色渐晚，我看到那对老人在夕阳中紧紧地搀扶着，渐渐远去，他们的背影仿佛化成大写的八个字："执子之手，与子偕老！"在夕阳的余晖中越来越清晰，越来越清晰……

欣赏这枚雨花石子，一下子让我明白了许多道理。我以为，"执子之手，与子偕老"，这是亘古不变的最朴素的爱情誓言，它是那么直白、简单，却又那么深厚，意味长远。尽管现代人充实与外延了它的内涵，把爱情理想化为"大喜大悲""九百九十九朵玫瑰"，甚至是"魂断蓝桥"和"琼瑶式"的情爱。但是，在我们平凡的生命里，在滚滚红尘中，人生就是一个平淡的过程，我们扮演的角色是自己。如果彼此能手牵着手、互相扶持，并肩漫步，把平凡的并不动人的日子走成一道风景，走过所有的阴天和艳阳天，走过今生今世，那我们便理解了爱情和幸福的真谛了！

## 仙女沐浴

6.2cmX4.0cm

香脸半开娇旖旎。当庭际，玉人浴出新妆洗。
造化可能偏有意，故教明月玲珑地。

【宋】李清照

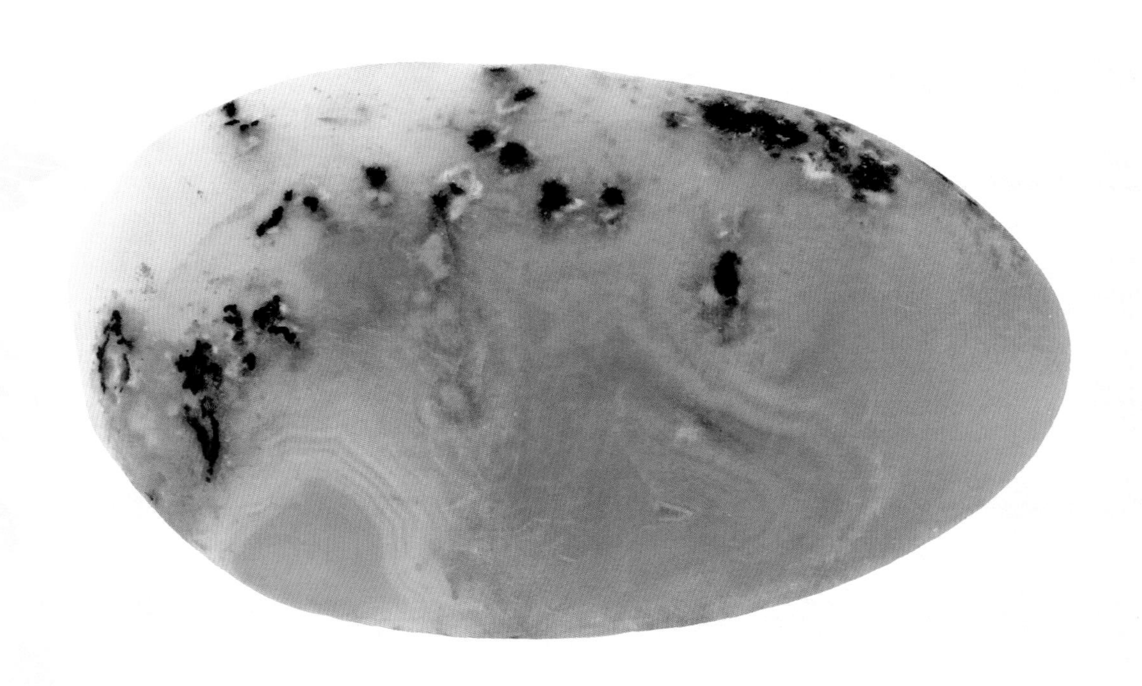

## 谦谦君子

5.6cmX3.7cm

谦谦君子德，磬折何所求。

【三国】曹植

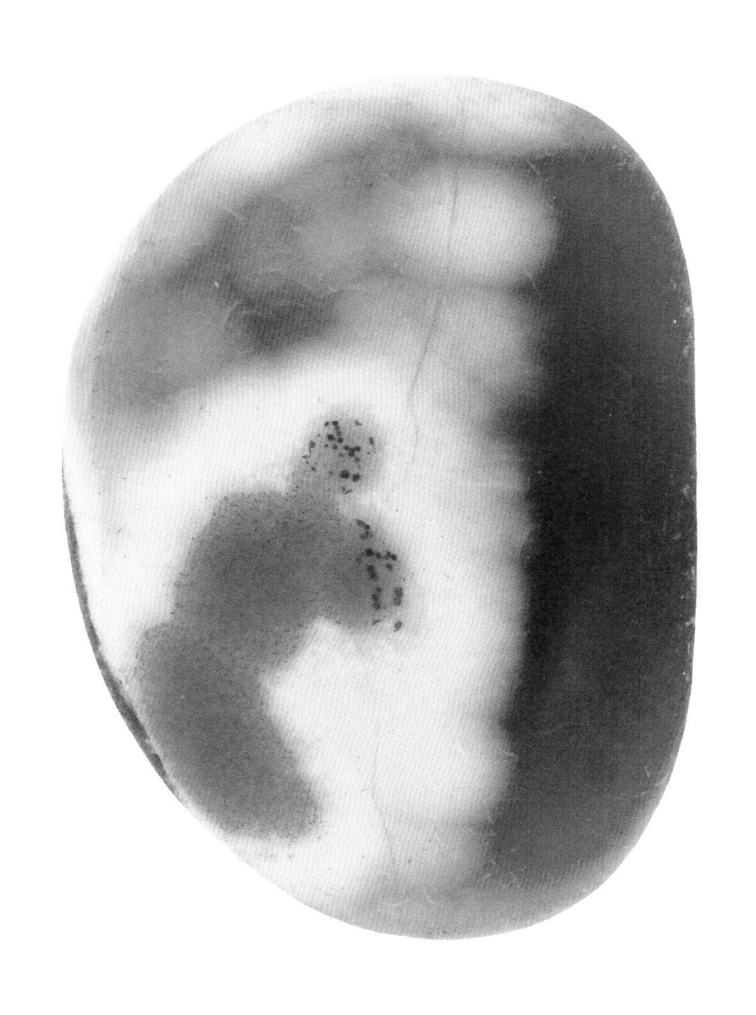

## 灶神

14.0cmX12.0cm

此石成像度极高，人物居中，形体匀称，身着赤色衣帽，类似官袍，手中还托举着一串随风摇曳的白色火苗，动感十足。但凡观之者，都说是火星神，我们称之为灶王爷，即灶神也。

灶神，民间又称灶君、灶王、灶王爷、灶君菩萨等等。灶的出现离不开火，先民们在住地烧起一堆堆明火，用来取暖照明，烤食制器，这就是最原始的灶。在母系社会里，灶由氏族里威望最高的妇女掌管。今天，我国百姓除夕围炉守岁的习俗，就是这种遗风的残存。

有些传说中提到，我国的灶神是一位女性，《庄子》中提到：“灶有髻。”髻，就是灶神，她“著赤衣，状如美女”。大约后来人们嫌“红衣美女”欠稳重，容易让人想入非非，于是以一位老奶奶代之。道书上说她是昆仑山上的一位老母，专管人间的住所，记下每家人的善恶，夜半上奏天庭。后来她也常与灶王公公并肩而坐，共享人间糖果。

古时候灶神很受人们的重视，祭品的规格很高。能当灶王爷的人也不可小觑，都是些上古帝王。如《淮南子》上说：“炎帝作火，而死为灶。”可见对其重视的程度了。当时人们认为，灶神的职责就是掌管人们的饮食。民以食为天，人们祭灶主要是为了感激和颂扬灶神的功德。

之后关于灶神的传说越来越多了，最出名的灶神是张单。张单，字子郭，传说他的太太给他生了六个女儿，就是没有儿子。或许他就因此妒忌别人，收集每家每户的隐私，向玉皇大帝打小报告。人们对他既怕得要死，又恨得要命。

《敬灶全书》上说，灶王“受一家香火，保一家康泰。察一家善恶，奏一家功过”。被举告者，大错则减寿300天，小错则减寿100天。试想，平白无故地丢掉几百天的寿命，这种惩罚实在是让人畏惧。

人们既然惹不起，又没法躲他，只好在上供时想点办法，于是每年腊月二十三这一天，不论大户小户，不分贫富贵贱，家家都要祭灶。其时要供上许多糖酒瓜果，用饴糖糊住灶王的嘴，他就不能说人的坏话了；如果要说，也只能说些甜言蜜语了。人们还在他的画像旁边贴上这么一副对联：“上天言好事，下界保平安。”

祭灶这一源远流长的旧俗，在现在70后年轻人的头脑中已经逐渐淡薄了。不过，我倒希望这一旧俗能沿袭下来。

首先，对那些横行乡里、鱼肉百姓的坏人恶人，老百姓忍气吞声，不敢惹他们，若是灶神上报其罪，让他们减寿300天，岂不快哉！其次灶神旁边的对联应改为“上天言实情”，灶王爷上天，实话实说。比如，老百姓住不起房、看不起病、上不起学、乱收费、乱占地、强拆迁等社会问题，灶神上天说一说，让玉皇大帝也清醒清醒，了解一下民情。再三，有了灶神上天言实情，可以让老百姓有个直达上听的机会。

可是，话又说回来，如果玉皇大帝只愿报喜不报忧，灶神又顺应玉帝所好，或者灶神被人用甜食贿赂，封住他的嘴，那么，这个祭灶的旧俗消亡也就罢了！

## 三驾马车

6.3cmx5.7cm

载春秋，乘史记，由古而今，岁月成追忆。八郡九州千万里，几度离合，一路峥嵘季。
念秦皇，思武帝，一代天骄，谁更添豪气。红遍江山情未已，滚滚车轮，载满民心意。

【现代】于炳战

# 浪迹天涯

5.7cmX4.2cm

夕阳西下，断肠人在天涯。

【元】马致远

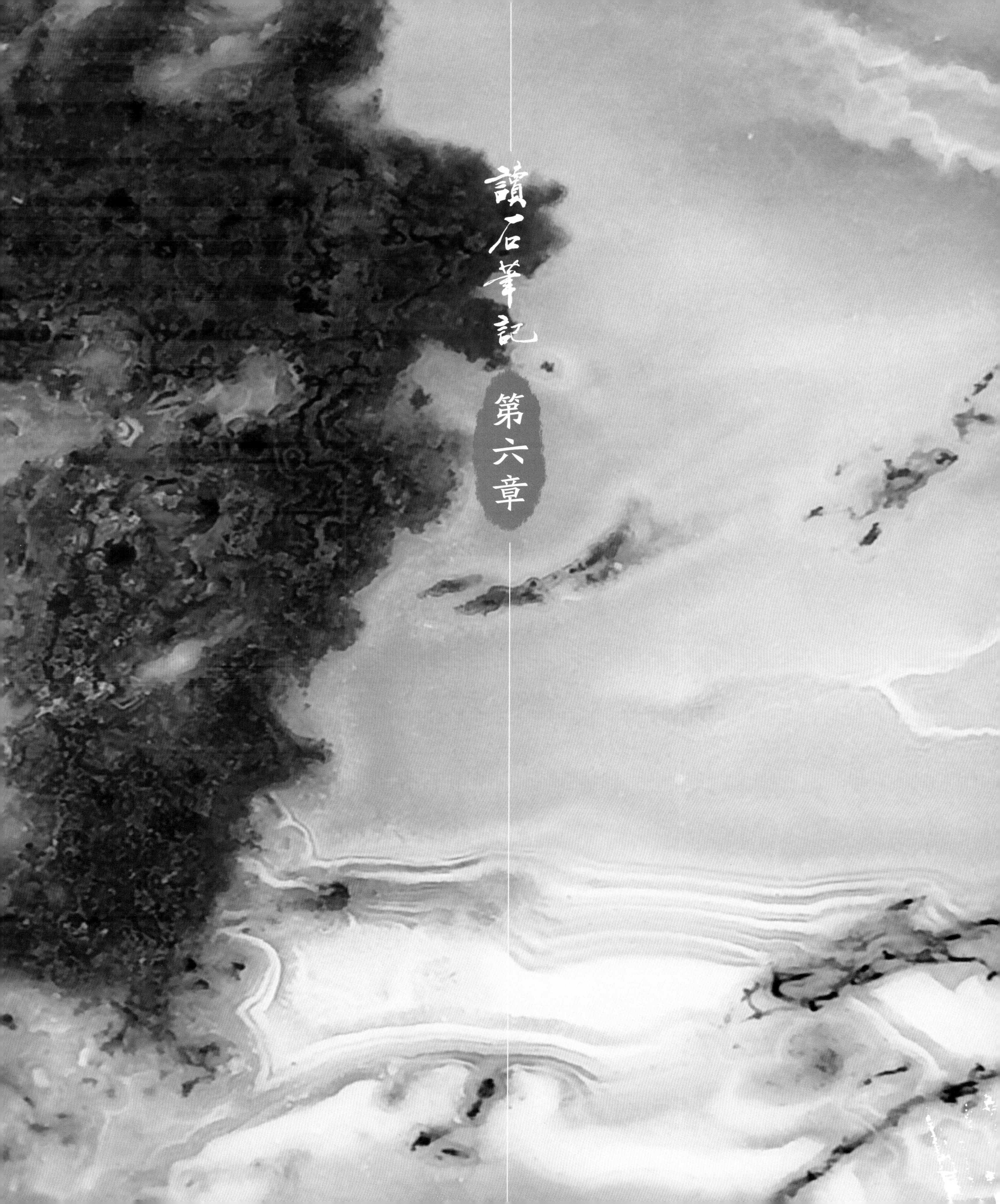



# 第六章

# 山岚水漪

## 两岸猿声啼不尽，轻舟已过万重山

7.7cmX4.7cm

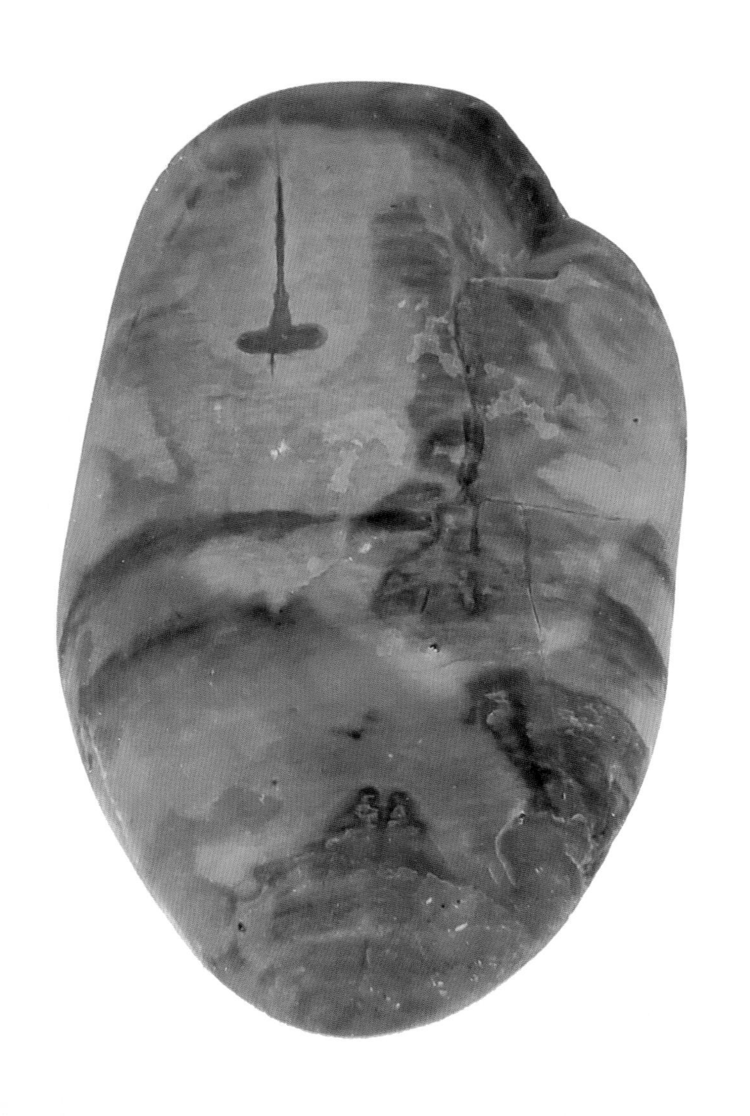

这枚雨花石，由米黄、深蓝与锈红三色搭配而成，米黄为底色。左上方米黄色区似为金色的阳光洒满汹涌的长江，江面上有一只远去的舟楫，在峡谷中穿行。右边由下而向上均为暗蓝色，似是石上的自然裂纹形成山谷和茂密的森林。此石下方是暗米黄及深浅不一的蓝色，形成“横看成岭侧成峰，远近高低各不同”的山峰。几点锈红与深蓝色线条巧妙结合，好似一群在玩耍的猿猴，一只大猿猴看护着两三只小猿猴。整个画面意境与李白《早发白帝城》诗意相一致：

“朝辞白帝彩云间，千里江陵一日还。两岸猿声啼不尽，轻舟已过万重山。”遂取诗的后两句给此石定名为“两岸猿声啼不尽，轻舟已过万重山”。

当然，诗人抒写的不是石头，而是抒写他当时喜悦畅快的心情。史载，唐肃宗乾元二年（759）春天，李白因永王璘案被流放夜郎，取道四川赴贬地，行至白帝城，忽闻赦书，惊喜交加，旋即放舟东下江陵，故题诗一首。诗意为：清晨，朝霞满天，我就要踏上归程了。从江上往高处看，但见白帝城彩云缭绕，如在云间，景色多么绚丽！千里之遥的江陵，一天之间就回还。两岸猿猴啼声不断，回荡不绝。猿猴的啼声还回荡在耳边，轻快的小船已驶过连绵不绝的万重山峦。读此诗，赏此石，使人感慨万分！这小小的雨花石在几百万年前，就将诗人的诗情画意悄无声息地凝固了，好似此石就为此诗生，此诗专为此石写。美石配名诗，诗蕴藏石中。此情此景，让人称奇叫绝，让人陶醉流连。

看着此石的画面，默诵着李白的诗句，仿佛唐代生态环境的气息扑面而来，令人神往和赞叹。你看，从白帝城到江陵的长江两岸猿声不断，可见猿猴之多，又可见长江两岸森林之茂密。随手翻看案头上的诗集，许多诗文中都有赞美生态环境的诗句，如“春城无处不飞花”“千里莺啼绿映红”等。所有这些景象，现在几乎已不复见矣！我们能不扼腕叹息么！有道是“临渊羡鱼，不如退而结网”。我们不必空自嗟叹，而是要在自省中付诸实际行动。今人肩负着双重任务，既要发展经济，又要保护自然环境。我们要大力植树造林，不许乱砍滥伐，以防水土流失。良好的生态环境是经济可持续发展的基础，决不能以牺牲环境为代价去换取经济的增长。我在想，若是通过人们不懈的努力，有朝一日能重新看到唐代那时优美的绿水青山，那该有多好啊！

野渡

9.2cmX6.5cm

## 黄山云海

5.1cmX4.0cm

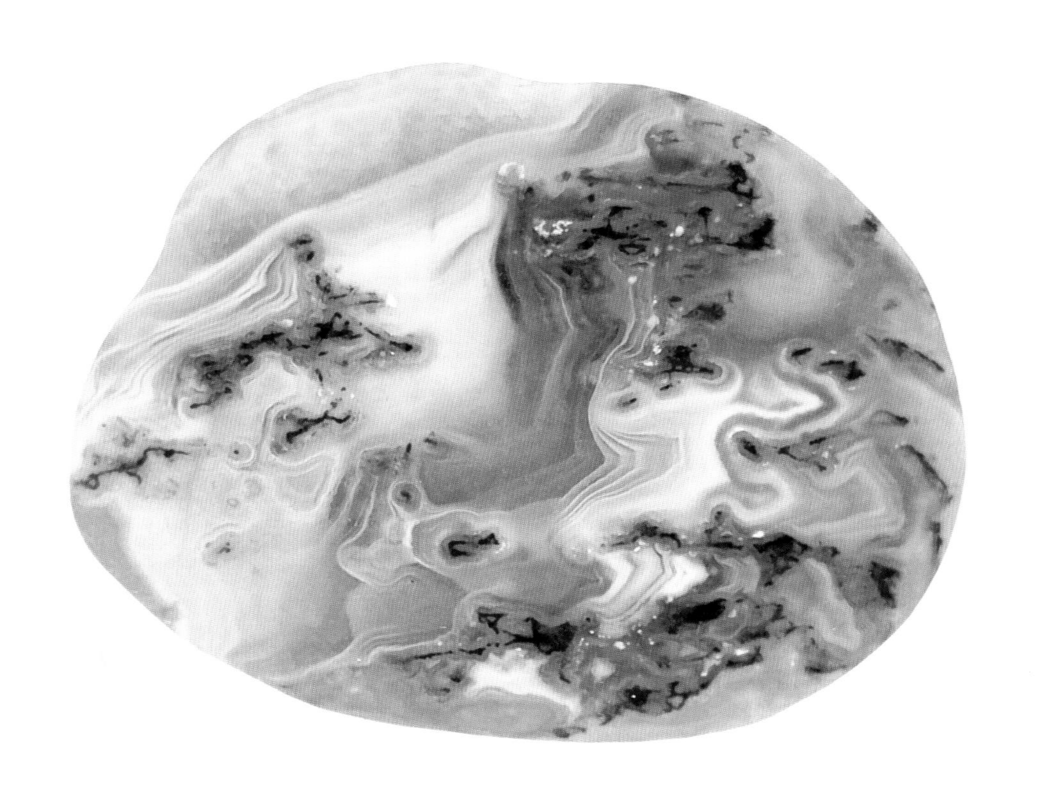

此石画面宛如“黄山云海”美景。赏之，仿佛身临其境，让人感觉是站在黄山脚下仰首望其山，那白云缭绕在山间，近处是幽谷，一缕缕淡淡的云气向上升腾，好像是下面的山涧被煮沸了似的。山顶白云如带，既相对固定，又缓缓地移动，把一座座拔地而起的山峦，遮掩得若隐若现，若即若离，充满了神秘的色彩。远处一座座山峰，被隐藏在云海中，害羞般地只露个山尖尖的样子，使你感觉奇峰怪石和古松隐现在云海之中。整个画面，如仙境一般，似梦似幻，悠然意远，使人回味无穷。

这情景，勾起我五年前游黄山的回忆。我一

上山，便看到了奇松怪石。那些松石似曾相识，却又显得有点陌生。“怎么这地方刚才还跟画上一样，转眼就变了样呢？”哦，原来是云海，我一阵惊喜，只觉得眼前白茫茫的，身子飘飘然，好似进入了变幻莫测的仙境。过了一会，云飘走了，向远处眺望，巍峨的群峰也被云海吞没了，只露出一个个小山尖。当云海被气流推动时，仿佛广阔的云海雪浪在推着山，银瀑飞舞，真是奇妙壮观。人们都说黄山是人间仙境，我想，莫不是因为这云海吧！

我想，黄山重峦叠嶂，有许多林间沟壑与树木丛生的地方，终年见不到阳光，因而水分得不到蒸发，使得这里的湿度越来越大，水蒸气随之增多，水汽愈多，云雾愈浓，从而形成了瑰丽奇谲的云海。

导游说，观赏黄山云海的最佳时期，一般是每年的十一月到第二年的五月。尤其是雨雪天之后、日出日落之前，云海必现，并且最为壮观。那次游山，正是春夏之交的多云海时节，登山时处处与之做伴，让人心爽畅然。我到它也来，我去它亦去。时而回旋，时而舒展，伸手便可牵住它，仰脸便能吻到它了。

最让我激动而庆幸的是，我还目睹了日出。爬上清凉台，红日未出，而朝霞染红了东方。这时的云，显得比人更激动，翻腾跳跃着，周围的一切都被它拥抱着。“太美了！”我不禁喊出了声。那雪白雪白的云海，汹涌澎湃，瞬间，红光闪烁，越来越艳。一眨眼，海天连接处出现一个红点，渐渐变大变圆，在无垠云海的衬托下，竟如此壮观。穿行于云海之中，令人飘飘欲仙，一切烦恼和不愉快的事皆忘了。

黄山之美，美在云海；石头之美，美在成景。你看，石上的云海似乎在飘逸涌动着，画面渗透出生气、灵气、仙气。这是多么奇特的景观啊！这分明是一幅全景大画，气韵生动，形完意足。观之，悦目怡情，难以言表。

晚霞

6.7cmX5.4cm

## 灯火阑珊处

6.2cmX3.5cm

这枚石头纹色奇特，但很难确定主题，我纠结了许久。

一日下午，南京朋友请去小聚，并执意留住一宿。晚饭后，朋友说：“今晚我俩去秦淮河逛逛，享受一下那里的夜生活。”

打车到夫子庙，买票上船游秦淮河。放眼望去，河畔两岸，到处是游人，或拍照或赏景，或品茶或游望。朋友说，秦淮河之美，其实最美不过是它的夜晚灯影。古人张岱，今人朱自清，也说秦淮河夜晚看才够美艳。说话间，夜色泛起，灯光随之亮了起来。各种各样的霓虹彩灯，把两岸的金粉楼台、牌坊照壁、河中游船、岸上的游人，打扮得五彩缤纷。

灯船，可谓是秦淮河上最亮丽的风景。河上的船，不论大小，都悬挂着彩灯，凡游人必以乘灯船为快。仿古而造的船，装点一新，被称为

“画舫”。满载游客的画舫，向前缓缓地移动，激起细密的波纹，水面灯影迷离，若飞霞流丹。我们临窗而坐，任凉风拂颊，听水声，看灯影，望星月，舫移景换，眼前慢慢展开一幅秦淮河的画卷。两岸的灯火点缀着秦淮河的夜空。河上，龙灯、荷花灯、走马灯、元宝灯、玉兔灯、花篮灯等数不胜数。周围那些建筑，也都被霓虹灯“点燃”着。于是，夜晚的秦淮河里明珠串串，波光粼粼。

目不暇接的灯光，缓缓流淌的河水，不禁让人深思：这条多情的河水，已流淌了数千年，它收藏了许许多多的故事。大书法家王羲之父子就曾生活在秦淮河畔，王献之当年迎娶爱妾桃叶之处，至今犹称“桃叶渡”。相传，画圣顾恺之家住秦淮武定桥西；张僧繇“画龙点睛”的故事，就发生在秦淮河畔的乌衣巷。李白下金陵，写有《登金陵凤凰台》等吟咏秦淮的诗篇。刘禹锡、杜牧、温庭筠、陆游都写有关于秦淮的诗。北宋的变法革新家王安石曾寄寓金陵。李清照、辛弃疾等都有名篇写在秦淮。朱元璋开国于南京。吴承恩、曹雪芹都曾寓居于秦淮岸。“秦淮八艳”的故事，更是风情艳绝，令后来者艳羡不已。

游船畅游了一圈又回到起点。此时，夜渐深了，秦淮河的灯光，似乎越发明亮。抬头看看，见满街的霓虹灯，映红了半边天。游船靠岸，我们迅速下船，猛抬头看见卖雨花石的商铺，触景生情，我又想起尚未起名的石头了。回首望着秦淮河里的霓虹倒影，忽见河边走来一位身着淡黄色防晒衣的女士，身材修长，在霓虹灯影中十分抢眼。这画面，让我想起辛弃疾《青玉案》中的名句，口中念叨：“众里寻他千百度，蓦然回首，那人却在，灯火阑珊处。”朋友不解我什么意思，当告知缘由并找出石头照片，他看过沉思片刻，说：“最后一句，‘灯火阑珊处’作石名，既贴切石头画意，又不落俗套，很雅致。”噢，朋友与我想到一块了，就用这个石名吧！

石头一旦有了名字，就有了灵魂。打车回宾馆，一路高兴一路歌。真可谓：踏破铁鞋无觅处，得来全不费功夫。

霓虹灯影泛秦淮
5.2cmX3.5cm

## 南海观潮

4.6cmX3.4cm

雨花石中的风景石之所以为人们所喜爱，不仅仅在于美丽的画面，更在于它能勾起许多人心中的回忆，撩拨起那对祖国山山水水的向往和牵挂。

“南海观潮”就是这样的一枚雨花石。此石画面主要由红、绿、黄、白四色巧妙搭配构成，勾画出一幅很美很深邃的迷人景色。石头下部是红树林混杂着常绿灌木，仿佛是海岸地带的一个美丽的花边，迎着海浪顽强地生长。中部为蔚蓝色的海面，风平浪静，海天一色。不远处天际线展现出海潮的层次感。此外，此石妙就妙在上部大片乳白色中，夹杂着数条不规则的淡黄色横线，将乳白色分割成上下两部分，举目望去，似浪潮一波接一波滚滚而来，甚为壮观，很具有力度和动感。再配上金黄色的霞光，一幅意蕴深远的风景画展现在我们眼前。整个画面浑然大气，立体感较强。景深、角度、焦距、选景都恰到好处，像是一位摄影高手的得意之作。

凝视并细品“南海观潮”美石，仿佛身临其境，涛声惊心动魄，雾气扑面，别有一番情趣。南海风大浪急，潮起潮落，令人神往。

# 军港之夜

6.3cmX5.4cm

军港悄悄夜色深，
涛声抚慰梦中人。
千里凯旋今日毕，
万里启航又待晨。
歌岁月，
唱青春。
国家意志铸军魂。
大浪风流人飒爽，
威武之师我至尊。
【现代】于炳战

## 华岳雄姿

9.1cmX7.5cm

这是一枚有故事的石头，取名为“华岳雄姿”。石上山峦叠起，云雾缭绕，让人有种走进了仙境、登上了仙岛的错觉。

五岳之一的西岳华山，位于陕西省渭南市华阴市境内，素有“奇险天下第一山”的美誉。华山，因其山峰像一朵莲，古时“华”与“花”相通，“远而望之，又若花状”而得名。它主要由中（玉女）、东（朝阳）、西（莲花）、南（落雁）、北（云台）五座山峰组成，整体为花岗岩断块山，最高峰海拔2154.9米。相传，秦昭王曾命工匠施钩搭梯攀上华山；魏晋南北朝时，还没有通向华山峰顶的道路；直到唐朝，随着道教兴盛，道徒开始居山建观，逐渐在北坡沿溪谷而上开凿了一条险道，形成了“自古华山一条路”。山上的观、院、亭、阁皆依山势而建，一山飞峙，恰似空中楼阁，而且有古松相映，更是别具一格。山峰秀丽，形象各异，如有“韩湘子赶牛”“金蟾戏龟”“白蛇遭难”……峪道的潺潺流水，山涧的水帘瀑布，更是妙趣横生。

华山，因险峻称雄天下，还因神话而闻名于世。相传，远古时，黄河东岸的首阳山和黄河西岸的太华山本是一座山。某年三月三日，王母娘娘举办蟠桃会，老寿星多喝了两盅，不小心，手里玉盏一斜，琼浆洒下天庭，大地变成了水乡泽国。玉帝听闻大惊，即令巨灵仙下凡，解决这一祸事。巨灵仙来到华山危崖下，观察片刻，就缩身挤入大山之间，使尽全力一展身，只听一声巨响，山崩地裂，顷刻百尺高的巨浪，如离弦之箭，向东喷射而去。抬头看华山，已被推进秦岭之中；回望首阳，已在波涛之北。巨灵仙望着咆哮东去之水，遂驾彩云向西而去。巨灵仙走了，但他的掌印却深深地印在了东峰绝壁之上，给西岳华山增添了一幅神奇无比的胜景。

在这些关于华山的神话传说中，最有名的便是“沉香劈山救母”的故事。华山西峰顶上，有一块巨石齐茬茬地被截成三截，巨石旁边插着一把铁斧。巨石叫“斧劈石”，铁斧叫“开山斧”。相传，这就是当年沉香劈山救母的地方。故事说，凡间书生刘彦昌进京赶考，路过华山神庙，题诗戏弄庙神三圣母，圣母怒，欲杀之。太白金星谓其与刘有三宿姻缘，三圣母遂与刘结为夫妻。三宿后，刘以沉香一块赠别，嘱他日生子，以此为名。刘彦昌在京城一举中榜，被任命为扬州府巡按。就在他走马上任之时，三圣母却遭难了。三圣母既孕，其兄二郎神察之，将其怒提至华山，压于山穴中。三圣母在穴中产子，乃名“沉香”，并遣夜叉送与其父。沉香成人后，寻母至华山，遇何仙姑授以仙法，窃得萱花神斧，与其舅二郎神大战于华山，又得宝莲灯在手。于是，沉香举起萱花开山神斧，奋力猛劈。只听得“轰隆隆”一声巨响，地动山摇，华山裂开了。沉香急忙找到黑云洞，救出了母亲。后来，二郎神向三圣母、沉香认了错，沉香也被玉帝封了仙职。从此，三圣母、刘彦昌和他们的儿子沉香全家团圆，永远幸福地生活在一起了。

除神话传说外，这里还有一段革命的故事。1949年5月华阴县城解放后，国民党陕西省第八行政督察区专员和陕西保安第六旅旅长韩子佩，带着他的几百名残兵败卒，逃往华山附近，妄图凭借华山的要道、关口等天险，负隅顽抗，做垂死挣扎。解放军某部参谋刘吉尧和七位战士接受任务，由当地樵民王银生作向导，在两岔口群众的帮助下，从敌人认为无法攀登的悬崖峭壁，用竹竿和绳子攀登，出其不意地占领了“千尺幢”

和几处险要高地，攀上了北峰。黎明时，主力部队登上华山，全歼顽敌，并活捉了匪首韩子佩，创造了神兵飞越天堑的神话。后来，这段故事被搬上银幕，拍成电影《智取华山》，激励着一代又一代人。

华山是座美丽、神奇、革命的山，更是中华民族文化的发祥地之一。据章太炎先生考证，“中华”“华夏”皆因华山而得名。《史记》中有黄帝、尧、舜华山巡游的事迹，秦始皇、汉武帝、武则天、唐玄宗等十多位帝王也曾到华山进行过大规模祭祀活动。华山留下了无数名人的足迹，也留下了无数故事和古迹。自隋唐以来，文人墨客咏华山的诗歌、碑记和游记何止千篇，摩崖石刻多达上千处。不少学者，都曾隐居华山诸峪，开馆授徒，一时蔚为大观。华山还是道教名山，号称“第四洞天”。有四仙庵，传为谭紫霄、马丹阳、刘海蟾、邱处机修炼处。陈抟亦隐居此山云台观，殁于张超谷石室，葬于玉泉院。还有避诏崖、希夷祠、希夷睡洞和睡像等遗迹。山上现存七十二个半悬空洞，道观二十余座，其中玉泉院、东道院、镇岳宫等被列为全国重点道教宫观。

看“华岳雄姿”美石，如同走进华山怀抱，让我如痴如醉，感受到了自然的召唤，听到云的呼吸、风的细语和阳光的律动。细细品味此石，就像一位国画大家的画作。得此石纯属缘分，它被遗弃在乱石中，是偶然去月塘捡石途中被我发现，可以说是我之大幸，石之大幸也。

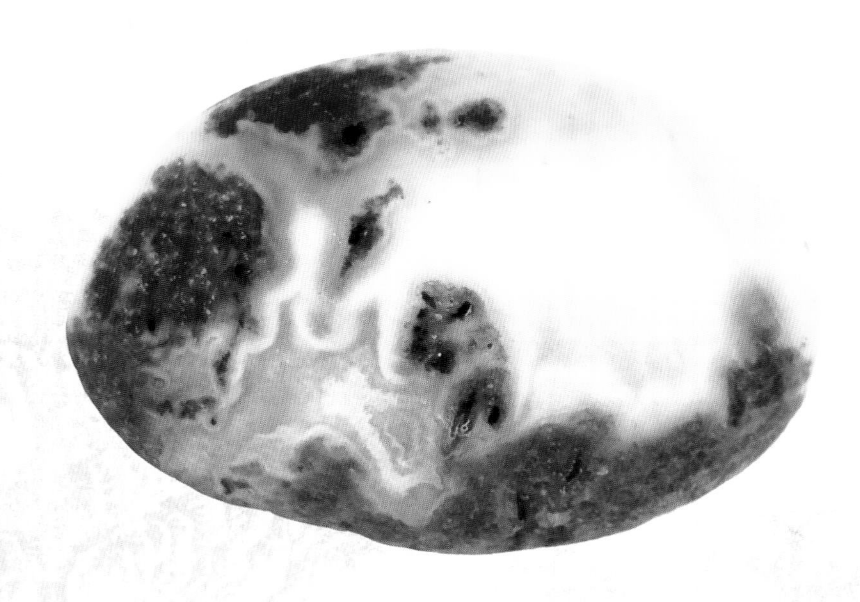

云台峰
4.8cmX3.5cm

# 天路

6.4cmX4.9cm

这枚石头上几道弯曲的线条，自然构成了一幅神奇的画面，我以为，这是条“天路”。

在那一望无际的高坡上，等高线似的线条把纵横交错的“路”立体呈现，或像火车编组站里铺就的铁轨，或像四通八达的多层立交桥，或像山路、公路、铁路，通天的道路直通神秘的远方。画面上，虽然没有行人，没有汽车和火车，但灵动的线条生成的“天路”，仿佛人流、车流，沿着天路滚滚而至。这让我暗自赞叹：大自然真不愧是一位不可思议的艺术大师。

青藏高原上建铁路，那是件“难于上青天”的大事。当得知中国人要在世界屋脊上筑铁路时，外国人都不敢相信这是真的，都认为是不可能的事。美国火车旅行家保罗·泰鲁在《游历中国》一书中说：“有昆仑山脉在，铁路就永远到不了拉萨。”瑞士一权威隧道工程师断言：“要穿越昆仑山的岩石和坚冰，根本不可能。”甚至有人说：“有5000米的高山要爬，12公里的山谷要架桥，数百公里的冻土区无法支撑铁轨和火车。再说，谁又可能在稍动一下就要找氧气瓶的情况下铺铁轨？”然而，这种“永远不可能”，偏偏被中国人民变成了现实。青藏铁路全长1956千米。可以说，世界上再也没有哪条道路能如此给人以震撼和激动。在最神秘的青藏高原上，一条“天路”蜿蜒曲折，突破生命禁区，穿越昆仑戈壁，飞架裂谷天堑……

这是一条富裕幸福之路。一位老阿妈叫拉姆，她看到家门口的铁路无比激动地说：“青藏铁路是共产党为我们藏族人民修的天路！多少年来，我们西藏人民就一直渴望能有一条通往远方的路，这条路可以带我们走出贫穷，走出落后，走向富裕，走向北京。”

2001年春天，著名曲作家印青和另一位词作家屈塬，来到青藏铁路施工现场采风，听了老阿妈的一席话深受启发，从中找到了创作灵感。不久后，几易其稿，歌曲《天路》创作出来了。然而，当两位词曲作家问一些大牌歌星想不想首唱时，竟有不少歌星表示根本不感兴趣，还有人嫌演唱权太贵不愿买。两位词曲作家听说西藏军区文工团有一位独唱演员巴桑，歌唱得很好，于是，两人就免费把《天路》送给她首唱。结果，巴桑用她那天籁般的嗓音、荡气回肠的演唱演绎出了歌曲的意境。无论是下部队还是到青藏铁路为建设者演出，她最喜欢唱的就是《天路》，她出版的第一张个人专辑也是选择《天路》作为主打歌。藏族著名女高音歌唱家才旦卓玛也演唱过此歌，但这首歌一直没在全国流传开来。

2005年春节前，著名歌星韩红几次为央视春晚送歌，都被剧组“枪毙”。这时，剧组有人给她出主意：“去问一问《天路》的演唱权到底卖了没有，如果没卖，你赶快买下来，立即送春晚，说不定有戏。”韩红闻讯向印青、屈塬打听，得知该歌一直没有被买断演唱权，开价是10万元，韩红当即决定买下演唱权，接着请人编曲、配乐，然后录音。几天后，韩红版《天路》被送往春晚剧组，负责审查的朱彤、郎昆一听，当即过关。而在春晚唱响后，《天路》火遍了全国，一夜之间家喻户晓，广受听众喜爱。

2005年4月，当韩红奔赴西藏拍摄《天路》的MV时，首唱者巴桑才知道韩红已经买断了演唱权，后悔自己没有市场意识，而一些当年不识货的歌星也后悔莫及。后来的情况也说明，这首歌的商业价值十分可观。2006年7月青藏铁路通车时，韩红作为藏族女儿，应邀参加央视的通车典礼活动，再次演唱《天路》。

奇妙的石子，总能给人以丰富的想象。纵观此石，“天路”及其歌曲拉近了藏汉两地的距离，各族儿女欢聚一堂，团结奔小康的中国梦想，正在进行中……

通天大道
3.2cmX3.0cm

## 燕子矶

5.4cmX3.8cm

初见这枚名为“燕子矶”的美石，心仪赞叹，石友善解我意，成全惠让了。

燕子矶与城陵矶、采石矶并称为长江三矶。

“矶”者，江岸临水之巨礁大石也，往往位于江水湍急、流向曲折之处。千万年浪激波蚀，碎石泥滩冲刷殆尽，唯坚硬之山岩直迫水面，涛如擂鼓，险涡飞旋，掀鸥滚雪，气势如虹。

曾记否，早年从仪征乘船沿长江上溯至南京，凭栏纵目，唯水天浩渺，洲渚云横，心旷神怡之时忽见左岸巨石凌空，雄威天降，如振翅之玄鸟，直欲越江高翔，在场人无不心惊而诧，此燕子矶也。因它为入江船舰首遇之矶，故有“万里长江第一矶”之称。

采石矶，因诗仙李太白醉后捉月，不幸溺水

的传说而闻名；又有宋代虞允文力挽狂澜，击退金主完颜亮而著名，可谓仙气与豪气并重。

城陵矶，扼洞庭湖入长江之水口，三十多年前搭乘客轮过此，因云水辽阔、芦苇繁茂、绿浪起伏、江风劲爽而存忆。

燕子矶，自古为南京重要渡口，曾有两位皇帝在燕子矶留下过诗迹，一位是明太祖朱元璋，诗云："燕子矶兮一秤砣，长虹作杆又如何？天边弯月是挂钩，称我江山有几多。"直白而豪迈。

另一位是乾隆，他南巡路过燕子矶，留下御制诗道："当年闻说绕江澜，撼地洪涛足下看。却喜涨沙成绿野，烟村耕凿久相安。"可见清代中期燕子矶周边的江滩淤积广大，已成农田了。

正如南京是一座充满悲壮历史的城市一样，燕子矶作为要津险渡，也有着伤心和屈辱的回忆。

明朝覆灭，南明政权势若危卵，却依然奢靡无度，党争不断。镇守前线的史可法站在燕子矶上，望着滚滚的江水，写下了"来家不面母，咫尺犹千里。矶头洒清泪，滴滴沉江底"的悲怆诗句，义无反顾，成就了家国情怀。

人事已非，山河依旧。这枚漂亮的雨花石，如礁山笋峙，乱石穿空，天高水远，霞鹜齐飞，江如流玉，草木蓊郁，恰似燕子矶的景致。江山壮丽，绝妙之品也。

淘获此石高兴，与友人共赏，友吟诗礼赞：

赤壁金陵在，来登燕子矶。

浪迴千鼓响，风送一帆移。

天高长江远，云沉野树迷。

六朝成旧梦，看石醉依稀。



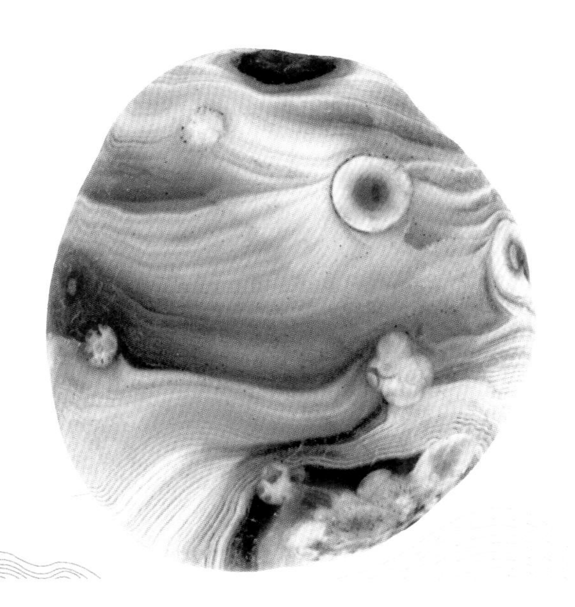

春江花月夜

4.7cmX4.2cm

## 卢崖瀑布

5.5cmX4.2cm

太室东来第几峰，孤崖侧削半芙蓉。
为看飞瀑三千尺，直透春云一万重。
【明】高出

## 夕照鸡公山

9.6cmX6.8cm

鸡头石在千山里，芳草诗传亦有名。
突起云霄疑健斗，乍惊风雨欲长鸣。
绛冠日晓丹霞拥，绣羽春晴锦树生。
身世百年真一肋，夜深起舞不胜情。
【明】岳东升

## 黄河涛韵

7.0cmX5.4cm

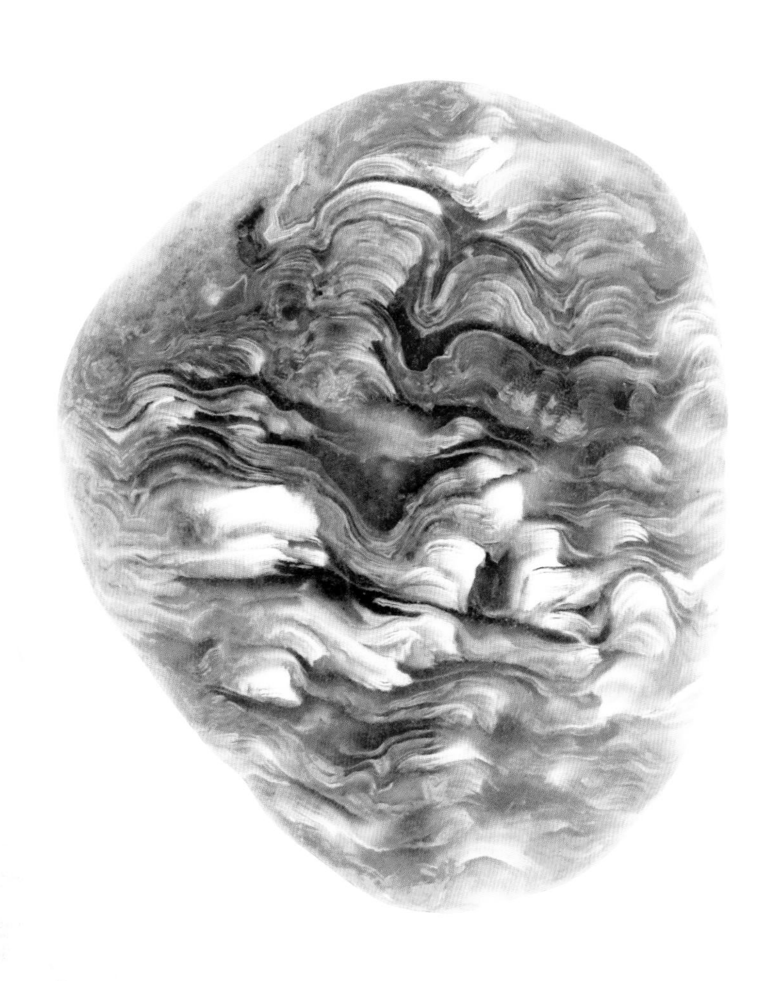

这枚石头名为“黄河涛韵”，它恰到好处地呈现了黄河水势汹涌、波涛起伏、浪花飞溅的壮观画卷。静观它，仿佛身临其境，看到那夜以继日、奔流不息的黄河水，还有那轰鸣的涛声，使人在这诗情画意中陶醉。

得此石，我如获至宝，这可能源于我对黄河的敬畏和崇拜。退休后，我专程去了趟壶口，在这里，黄河将它顽强的生命力尽情地展现出来，它惊天动地、排山倒海的气势，令我震撼和感叹。难怪古今文人墨客写下许多诗篇赞美它。黄河，母亲；波涛，生命。是它，以博大的胸怀和气度、无畏的胆识和魄力，给人心灵的启迪和灵魂的洗礼！

此石看似简单，实则意境深远。它带给我们无限的遐想，有着一种形意之美。每次欣赏它，总能让我由衷地发出对黄河——母亲河的敬意！

黄河之水天上来

7.2cmX4.9cm

## 万山红遍

5.6cmX5.4cm

杜鹃啼老万山红，
天气于春便不同。
【宋】王镃

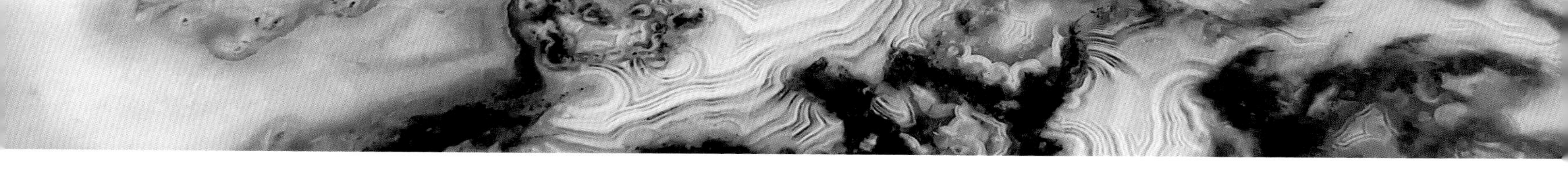

# 故乡的云

5.6cmX4.0cm

浮云游子意，落日故人情。

【唐】李白

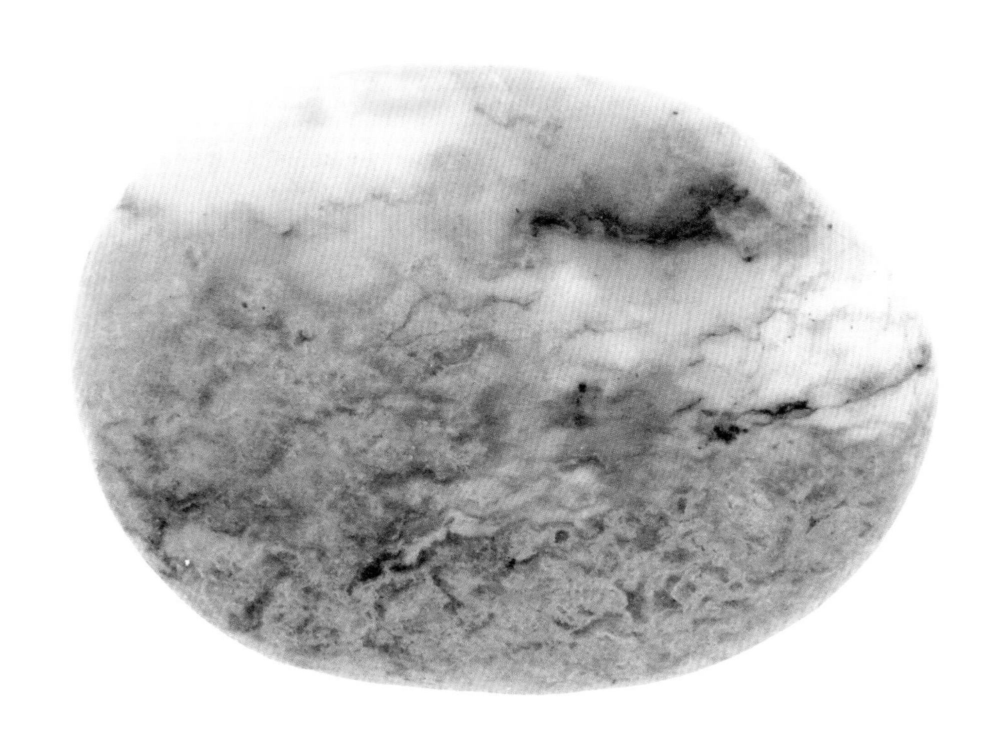

## 高山流水

5.7cmX5.5cm

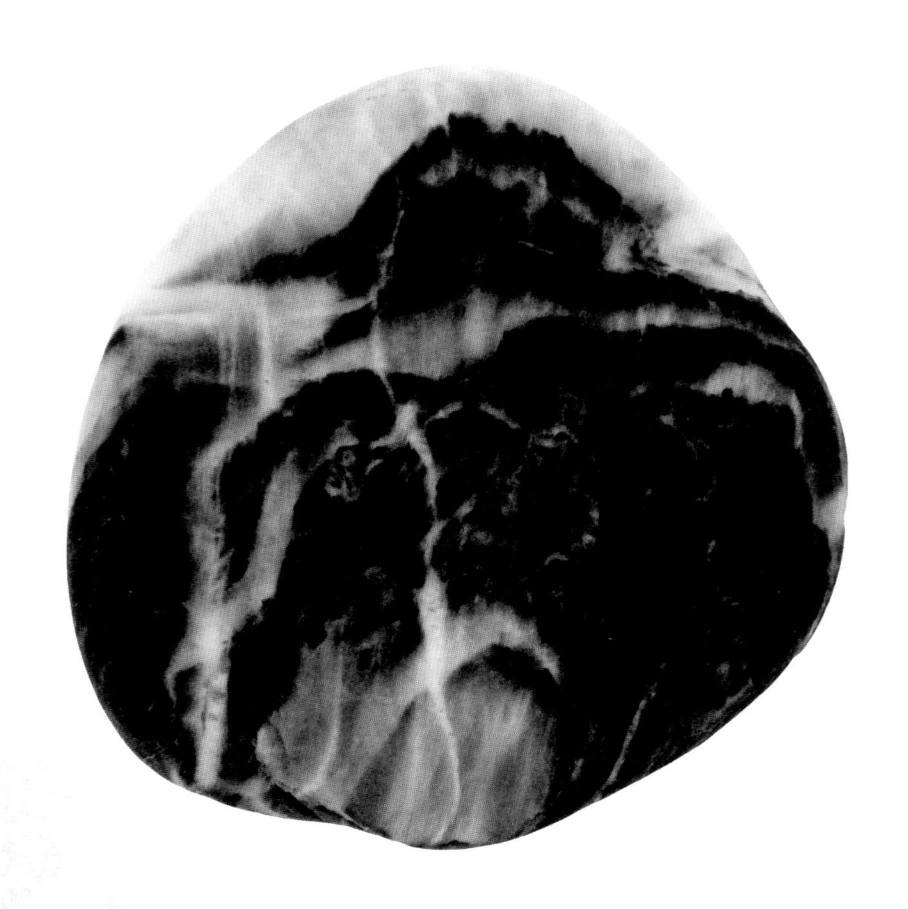

这枚黑白石，形状画面均符合“高山流水”之名：整体画面是座山，其顶上白色为积雪，雪线与山体分明。中部白色线条似流水从右至左，飞流而下。右中下部山石丛中，夹杂着时隐时现向下流淌的溪水，流入水潭中。更妙的是一条由上至下的细瀑，经石上涌入水潭中，呈现瀑布挂川、飞流直下的景象。此石黑白对比，动静相衬，成像度高，且有远、中、近景，大气磅礴，如一幅大自然的山水画。

欣赏此石，我耳边仿佛响起了《高山流水》的美妙旋律，脑海中出现曾游泰山高山流水亭时的情景。

泰山高山流水亭，以石构筑，小巧别致。游人坐于亭中，尽赏溪声山色。清人曾题诗描写其景色：“群山环抱一石亭，翠绿丛中一点金。仅闻溪水潺潺过，不见浪花与石经。”道出了此处景幽亭美的奥妙所在。此亭取名“高山流水”，是来自伯牙与钟子期的故事。

据载：伯牙是一位善于弹琴的高手，钟子期则长了一双善于欣赏音乐的聪慧耳朵。有一天，伯牙弹琴，其志在高山，钟子期在一边抚须赞叹：“太好了！这优美的旋律就像泰山一样嵯峨雄伟，富有气势。”过了一会，伯牙又弹奏一曲，其志在流水，钟子期又点头称道：“太妙了！这优美的旋律就像长江大河一样汹涌澎湃，势不可挡。”伯牙听后欣然首肯。

回到现实，再观石上景，仿佛身临其境，看那飞流直下的流水，飘洒升腾的水雾，潺潺的流水声，使人迷恋和陶醉，一扫夏日的炎热，全身似有一阵清凉意。

寒林曙光

8.2cmX5.8cm

## 踏浪

8.0cmX4.4cm

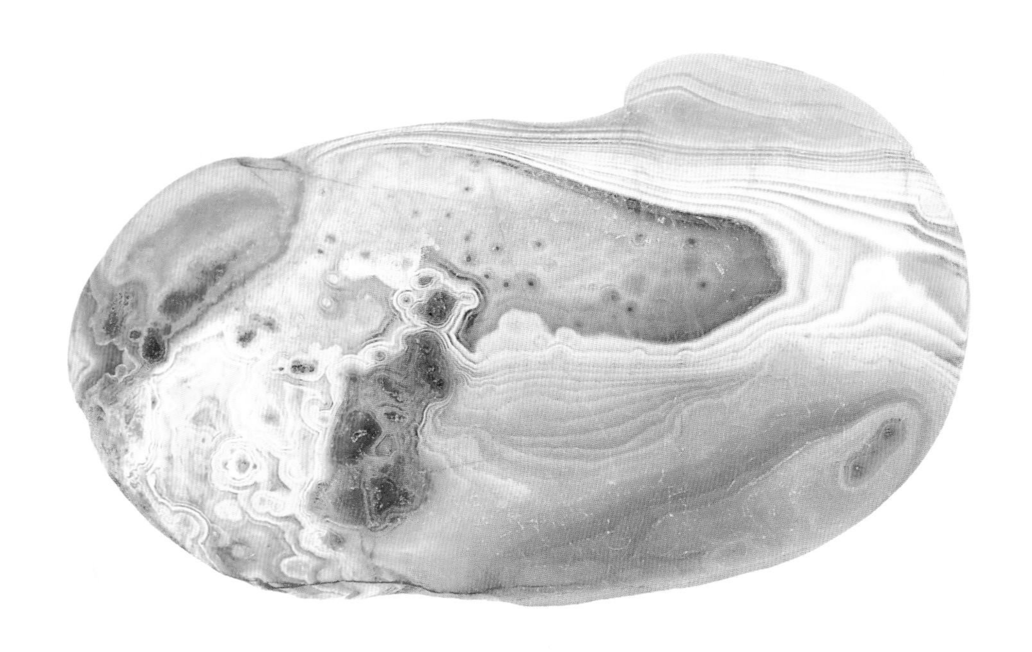

旭日映红了一片海湾，海风卷起浪花冲上沙滩，红衣佳人踩着浪花漫步前行，给人一种灵动和飘逸之感。此景象，宛如一幅绝妙的踏浪风景画。

这一画面，勾起了我几次与大海亲近的回忆。

最早认识大海，是在中学课本高尔基的《海燕》中，我被课文中的大海深深地感动了，渴望自己有一天也像海燕一样，翱翔在海天之间。而真正与大海相见是十几年前，那时儿子过二十岁生日，正值盛夏高温，房子小，热得难受，遂带儿子到连云港去看海过生日。儿子一见到大海高兴极了，急不可待地下海游泳，朋友为我们按动快门留下了一张欲与浪涛试比高的照片。我们还未尽兴尽情，就匆忙踏上了返家的归程。后来带儿子到海南三亚看海，再后来我自己到美国夏威夷去看海，但都因时间太短，无法真正自由自在地亲近于海。

与海有缘，我有幸到北戴河去参加培训，充裕的时间让我有机会纵情于大海了。学校紧临海边，只有三五分钟的路程，可谓是“头枕着海浪睡觉”，清晨和傍晚，我都去海边散步。即使这样，还不能满足我对大海的向往。记得学习中途休假日，我和一位同事去海边游玩。那天清晨，我们早早来到海边，刚站定不久，就看到火红的太阳悄悄地爬上了海平面，霞光在海面上铺洒了一层碎金，一排排波浪涌起的时候，浪峰被映照得灿如花、艳若霞，仿佛燃烧的火焰，闪烁、滚动、升腾、消失。而后面的波浪一排又一排，接连不断地再次奔涌过来。浪涛袭来，飞舞的浪花随风吹上了我们的发际和脸庞，我们难以抑制内心的激动，敞开心扉，忘却了烦恼，尽情接受大海给予的特殊礼遇。

大海又有着无边的温柔，把细浪一层一层推向月牙式的海滩。沙滩上，人越来越多，欢笑声、尖叫声、潮水声交织成一片。这时，不远处传来少女的嬉笑声，循声望去，一群十四五岁少女在海边欢快地踏浪。少女们站在海边，卷起裤腿，手拉手试探着踏进海水，海浪的舌头亲吻着她们的脚丫，海水得寸进尺地翻过她们的脚丫爬上裤腿，在姑娘们的惊叫声中满足地退了回去，海滩上留下了一串串湿漉漉的脚印。她们欢叫着，你推我拉，随着浪花进退的节奏，追赶浪花向前跑几步，又后退几步，在进退的海浪中享受大海的乐趣。此时，太阳犹如一块橘红色的馅饼，悬挂在空中，金色的阳光照在姑娘们洒满水珠的脸上，天真无邪的笑靥在蓝天的映衬下似朵朵鲜花绽放。

姑娘们与海亲近、与海嬉戏的画面，被造物主用它特有的记录方式，转移到石头上，成为了永恒。当我注视这枚“踏浪”石时，仿佛还能嗅到石头上散发着的海腥味，耳边回荡着少女们踏浪时的嬉笑声。此石不仅形象，而且神似，向人们展示出大海的神奇和生命的存在，这画面使人神往、令人陶醉。每当这时，我会不由自主地哼唱台湾歌手徐怀钰的《踏浪》……

## 漓江捕鱼图

4.7cmX4.5cm

前不久，我在石友那儿淘得一枚雨花石，石头上部呈现的是黄昏时的天象，月亮已偷偷地爬上树梢头，绿树影在天色中；中下部的白色线似流动的江水，淡驼色线为黄昏天象在江上的倒影。江水由远而近，汹涌而来，又滚滚而去。特别奇妙的是江面上还有一只两头微翘的竹筏，上面有一个身背鱼篓的打鱼人，似在筏上抛网捕鱼。此石此景，酷似一幅风景画。它线条简约自如，着色浓淡相宜，布局匀称合理，意境出神入化，我遂把它定名为“漓江捕鱼图”。

凝视此石，我不由地记起四年前游漓江、看捕鱼的场景。

记得那年五月，我们从桂林乘游船顺流直下到阳朔。游船不紧不慢地航行在漓江上，我不时地看到那些穿行于碧波之上的点点筏影，给这条画廊增添了几分诗情画意。我留意观察江中的竹筏，它是用七八根长约三丈左右的毛竹串在一块的，为防水的阻力，两头略微向上翘起。一两个头戴斗笠、身披蓑衣的渔人端坐其上，他们或张网，或用鱼鹰（鸬鹚）抓捕江水中的鱼。

游船行至杨堤江面，这里江宽水阔，流速缓，竹筏渐渐多了起来。就在游船速度慢下来的时候，舱内的游人突然发出一阵唏嘘，由座位上站起向两侧的窗户涌来。我旋即向游轮两侧的水面望去，但见水天交融处，箭一般驶来两只竹排，竹排在游船两侧放慢速度，与游船形成并驾齐驱的态势。放排的汉子双手持一根长长的竹竿儿，全身穿一套绿色的雨衣，站立在狭窄而扁长的竹排之上。汉子的脚前放有一只鱼篓，鱼篓旁边的几个支架上蹲立着几只鱼鹰。随着放排汉子的一声口哨，方才还懒懒散散的鱼鹰瞬间便精神抖擞起来，一跃而起，俯冲而下，顺势贯入水中。鱼鹰入水处，不见波澜骤起，只有流水依旧，足见其潜水的娴熟。在游船与竹排的缓慢行进中，人们用目光搜寻着水面，试图获知鱼鹰水下的工作状况。正当人们为不能亲眼看到鱼鹰捕捉鱼儿而惋惜时，便有两只鱼鹰口衔活鱼，钻出水面，腾跃而起，落在竹排之上。放排的汉子从鱼鹰口中取下活鱼，放入鱼篓，拍拍鱼鹰的脑袋，鱼鹰再次潜入水中。

游人中有内行人介绍：出发捕鱼前，放排的汉子会用细绳扎紧鱼鹰的脖子，鱼鹰在水下捕到小鱼可以当即食之，而捕到大鱼便难以吞下肚，只有回到竹排上向主人交差。

游船放慢了航速，甲板上早有两名船员在和竹筏上的渔人搭讪。须臾，一只筏子箭也似地靠拢过来，船筏相接后，渔人把从江里打上来的鱼虾送上甲板。我看那渔人50来岁的样子，黝黑精瘦，饱经风霜的脸上布满了岁月的沟壑。他站立在筏上的姿势，亦如岸上的竹笋，任凭那筏子怎么摇晃，他却岿然不动。当他从船员的手中接过报酬时，带着满脸的笑容，朝船上一挥手，撑着筏子离去了。我看到了他的自信与满足，也明白了他在这江上的劳作，绝不是为了逍遥，而是出于生计考虑。

我向导游请教："这些渔人莫不就靠这打鱼为生？"导游告诉说："是的，他们一年四季都在江上打鱼。"他告诉我，桂林的冬季也冷，漓江的鱼儿大都潜在水底。这时，打鱼人会脱光衣服，钻进水里，找到目标后，便用鱼枪射杀。不过，这种鱼枪是特制的，子弹实际上是一种箭。听了他这番话，我不禁为渔人的生存本领所叹服。

船在江中行，人在画中游。不知不觉到了中午，肚子也咕咕地叫起来了。这时，船上的广播里通知人们就要供应午餐了。我们这一餐全部是漓江风味：漓江的鱼虾，还有漓江酒水，佐以秀色可餐的漓江山水，真是美不胜收。

漓江捕鱼的情景，之前我只是在画中看到过，不想在漓江上看到了实景。说来也巧，这美景居然又被造物主刻到了小小的雨花石上。得此石，令我高兴不已，爱不释手。看石中渔翁的姿势与神态，冥冥中觉得他在与我对话似的，仿佛他在责问："同在漓江上捕鱼，几百年前能捕到鱼，现在却为什么捕不到鱼啊？"回到现实中，渔人的问题，让我难以找到正确答案，但转念一想，这又能怪谁呢。不过，渔人那夜以继日、披星戴月在漓江上劳作的精神一直感染着人们。

渔舟唱晚
6.2cmX4.6cm

## 泰岳霞辉

5.8cmX4.7cm

泰山雄崛九云风，暮染流霞蔚赭红。
我立奇峰吹玉笛，群山一览啸苍穹。

【现代】王成柱

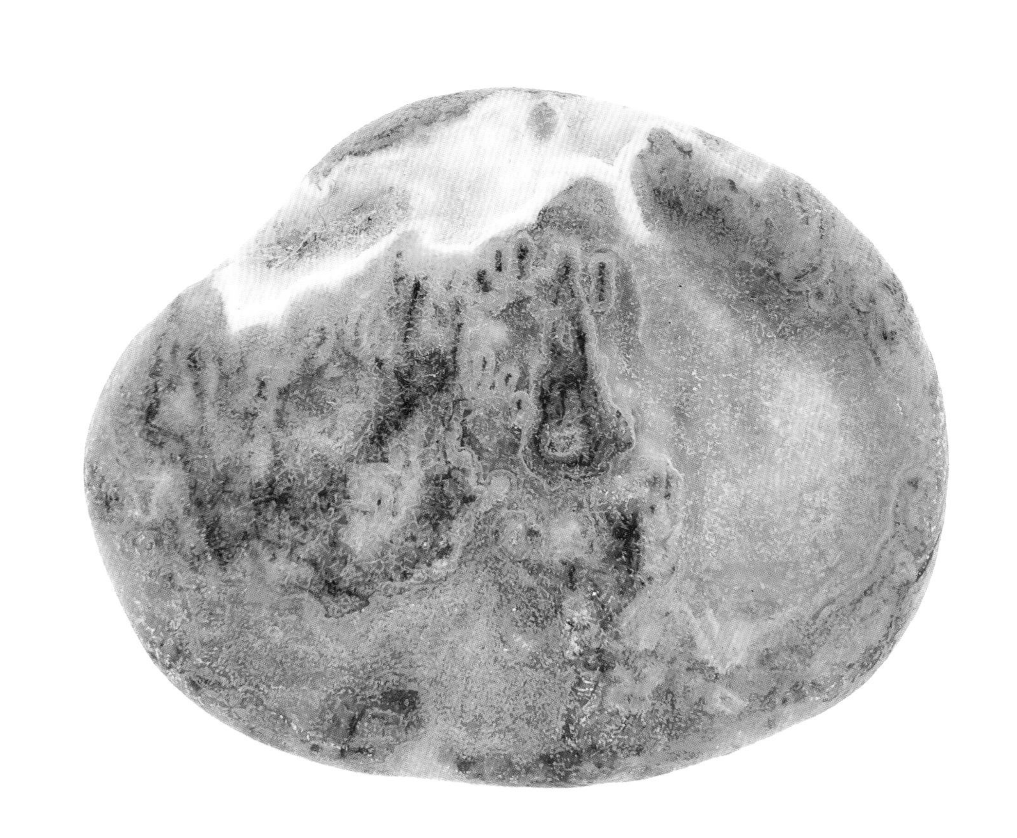

## 树在水中长，水在林中流

6.7cmX4.6cm

九寨沟，四季俱美，但最美却是秋天。

我曾秋游九寨沟，为那如梦如幻、童话般的自然美景所迷醉，生发诸多感慨。最近又自诩有了大的收获：在我收藏的雨花石中，有一枚恰似九寨沟树正群海的景色，画面上树在水中长，水在林中流，明媚、艳丽、疏朗。

这枚雨花丝纹石的基调为暖色，有着层次分明的画面：绛红色的丛状物体高矮长短不等，错落有致，似柳柏松杉，白色的水花翻越黄色堤坡，溢出树丛，激起银白色的水花，穿梭奔流在远古的森林里。形成的叠瀑与水花白得轻盈，婀娜多姿，婉约变幻，构成了静中有动、动中有静的奇幻美景，真是鬼斧神工，一幅天然的绘画杰作。树在水边长，水在林中流。面对美石，我常有故地重游的想法。九寨沟以其独有的自然风光、变幻无穷的四季景观、丰富的动植物资源而被誉为“人间仙境”“童话世界”。九寨沟如此灵秀招人爱，原因何在?俗语云:“山无水不秀，水无山不娇。”坐落在岷山山脉深处的九寨沟，水是她的灵魂，她是最美丽的精灵。她灵动、娇妍、活泼、纯洁而温婉，有如未谙世事的藏家女儿。读此石，有种身临其境之感，我被它的美丽所折服!古人说:“五岳归来不看山，黄山归来不看岳。”游过九寨沟的我则说:“九寨归来不看水，看水要看石上水。”诚哉，斯言!

九寨五花海

6.5cmX5.4cm

## 山村人家

7.0cmX6.0cm

孤村落日残霞，轻烟老树寒鸦，一点飞鸿影下。青山绿水，白草红叶黄花。

【元】白朴

# 残阳映黄昏

5.0cmX4.5cm

向晚意不适，驱车登古原。
夕阳无限好，只是近黄昏。

【唐】李商隐

# 讀石筆記

## 第七章

# 亭台楼阁

## 黄鹤楼

8.2cmX6.4cm

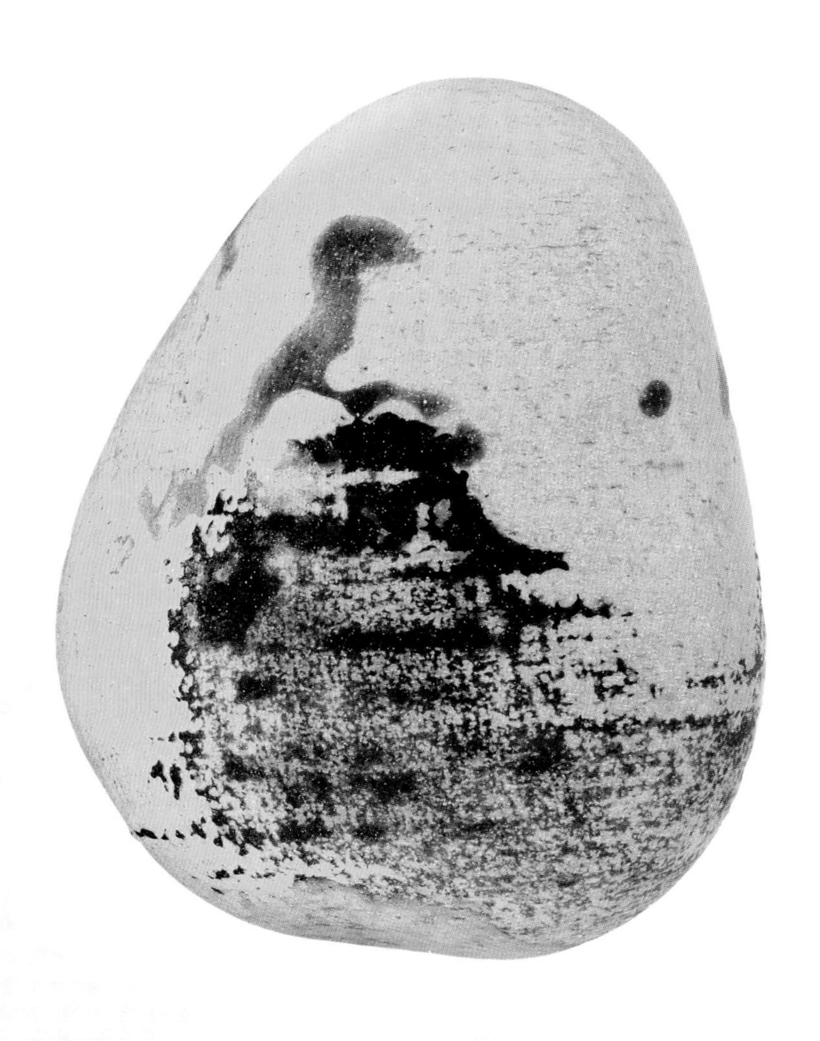

某天晚间，石友高某邀我和几位朋友到他家喝茶赏石。主客坐定后，大家一边品茗一边赏石。目光所及，一颗黄黄的石头吸引了我。

石上画面为一座错落有致的楼台，楼角上站立着一只鸟，右边还有一轮初升的太阳，楼台旁似有灵动的流水。楼台、鸟、太阳惟妙惟肖，武汉黄鹤楼的美景呈现眼前。望着此石，我脱口喊出："这不是黄鹤楼吗？""是的，是黄鹤楼。"在场的石友异口同声地说。我把玩多遍，爱不释手，便问："此石出手吗？"高某也不是等闲之辈，很爽快地说："你要喜欢就带去玩吧。"当然，我也不能白拿人家的东西啊，在与石友高某确认价格后，二话没说便成交了。

黄鹤楼，位于武汉市蛇山，面对鹦鹉洲，享有"天下绝景"之称，与湖南岳阳楼、江西滕王阁并称为江南三大名楼。唐代诗人崔颢一首"昔人已乘黄鹤去，此地空余黄鹤楼。黄鹤一去不复返，白云千载空悠悠。晴川历历汉阳树，芳草萋萋鹦鹉洲。日暮乡关何处是，烟波江上使人愁"，已成为千古绝唱，使黄鹤楼名声大噪。而李白的《与史郎中钦听黄鹤楼上吹笛》"一为迁客去长沙，西望长安不见家。黄鹤楼中吹玉笛，江城五月落梅花"，更是为武汉"江城"的美誉奠定了基础。

黄鹤楼有许多美丽动人的传说。黄鹤楼为何以"黄鹤"命名？一说是原楼建在黄鹄矶上，"鹄"为"鹤"一音之转，互为通用，口口相传，遂成事实。一说是带有神异色彩的"仙人黄鹤"传说：从前有一位辛先生，平日以卖酒为业。有一天，这里来了一位身材魁梧，但衣着褴褛，看起来很贫穷的客人，他神色从容地问辛先生："可以给我一杯酒喝吗？"辛先生不因对方衣着褴褛而有所怠慢，急忙端了一大杯酒奉上。如此经过半年，辛先生并不因为这位客人付不出酒钱而显露厌恶的神色，依然每天请这位客人喝酒。有一天客人告诉辛先生说："我欠了你很多酒钱，没有办法还你。"于是从篮子里拿出橘子皮，画了一只黄色的鹤在墙上，接着以手打节拍，唱着歌，墙上的黄鹤也随着歌声，合着节拍，蹁跹起舞。酒店里其他的客人看到这种奇妙的事，都付钱观赏。如此经过了十年，辛先生累积了很多财富。有一天那位衣着褴褛的客人，又来到酒店，辛先生上前致谢说："我愿意照您的意思供养您。"客人笑着回答说："我哪里是为了这个而来呢？"接着便取出笛子吹了几首曲子，没多久，只见一朵朵白云自空而下，鹤随着白云飞到客人面前，客人便跨上鹤背，乘鹤飞上天去了。辛先生为了感谢及纪念这位客人，便盖了一座楼阁。起初人们称之为“辛氏楼”，后来便称为“黄鹤楼”。

雨花石中的黄鹤楼，历经几百万年的冲刷、洗涤与挤压，至今还巍然屹立在石中，怎不使人赞叹！南京雨花石协会老会长戴宗宝、现任会长戴康乐等，在看过此石后评价说：“雨花石能形成亭台楼阁的很稀少，石中呈现驰名中外景点标志的就更少了，可以讲，这石头是块绝品石。”

前不久，在扬州石展会上，江苏省著名诗人孙友田老先生专为此石赋诗一首，诗曰：

隔江远望黄鹤楼，诗情画意眼底收。

黄鹤一去不复返，唐人诗句万古留。

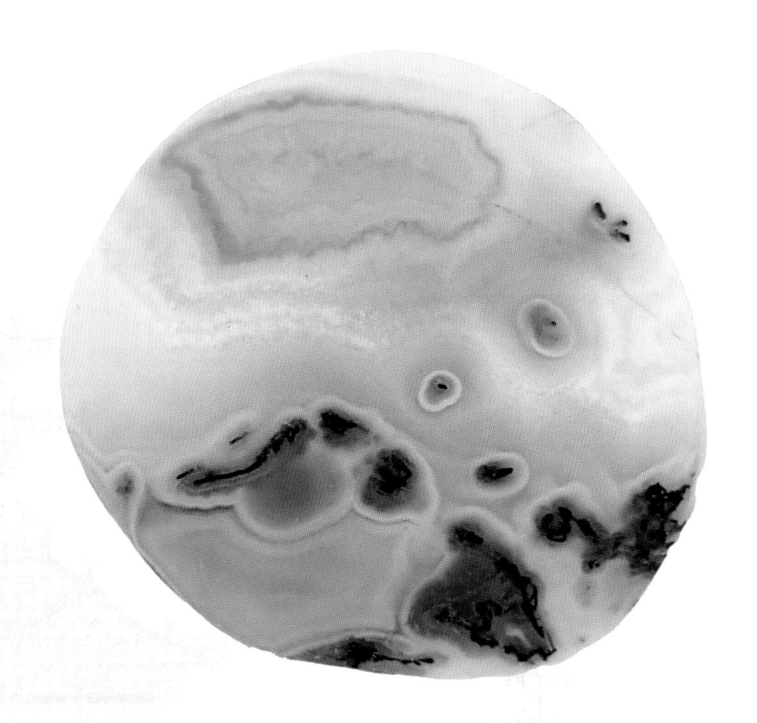

黄鹤矶

3.4cmX2.8cm

# 扬州白塔

3.9cmX2.3cm

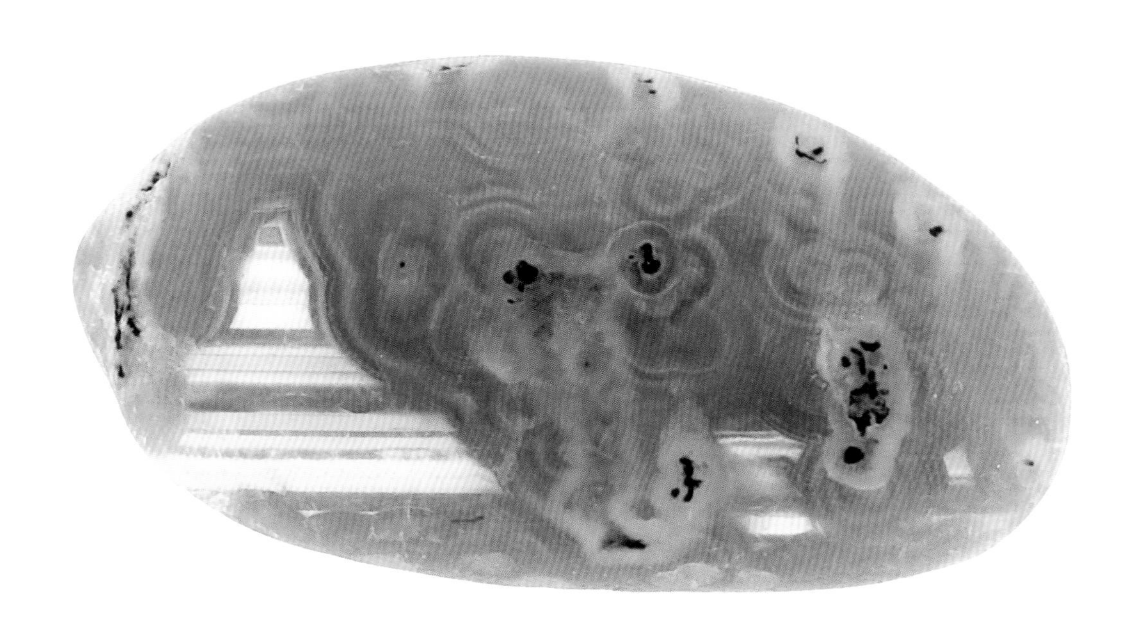

这枚石子画面，颇似扬州瘦西湖的景致：晚霞正艳，繁花金柳间，白塔矗然，如银似玉，美轮美奂。真可谓："红霞花柳全依水，一座白塔直到天。"我以为，此句已把此石的内涵诠释到位了。

扬州白塔修建时间在乾隆年间。扬州历史上曾是东南大都市，在隋唐时，繁华热闹，有"天下三分明月夜，二分无赖是扬州"之说。清朝的扬州因漕运和盐业而繁荣，相传乾隆帝巡游至此，见瘦西湖颇有京都北海之韵，叹惜只少一座白塔。扬州盐商为取悦皇帝，连夜用盐堆成一座与北京白塔无二致的白塔。翌日，乾隆一见，以为是从天而降，龙颜大悦，待身边太监告知他实情后，感慨地说："人说扬州盐商富甲天下，果然名不虚传。"乾隆离开以后，两淮盐总江春集资，仿北京北海白塔建造了扬州白塔。

此石美不胜收，虽然不大，但很有味道。南京朋友看到此石后大加称赞，赐名赋诗，取名为"广陵白塔"，诗曰："初月溶溶醉管弦，瘦西湖上叩舷眠。红霞花柳全依水，白塔云光直到天。杨广龙舟七尺布，乾隆车马几堆盐。于今好景镌佳石，淮左名都似眼前。"

最近，扬州石友建议，其石名应与扬州名城相一致，故名"扬州白塔"。

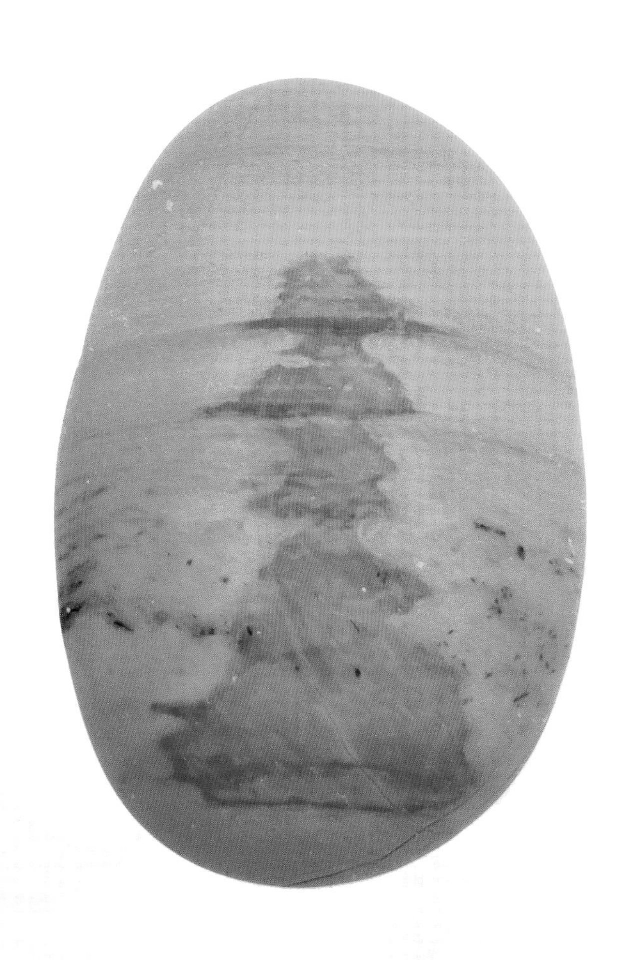

大明寺佛塔
5.7cmX3.7cm

# 烟雨楼台

7.2cmX6.4cm

南朝四百八十寺，多少楼台烟雨中。

【唐】杜牧

## 爱晚亭

7.0cmX6.2cm

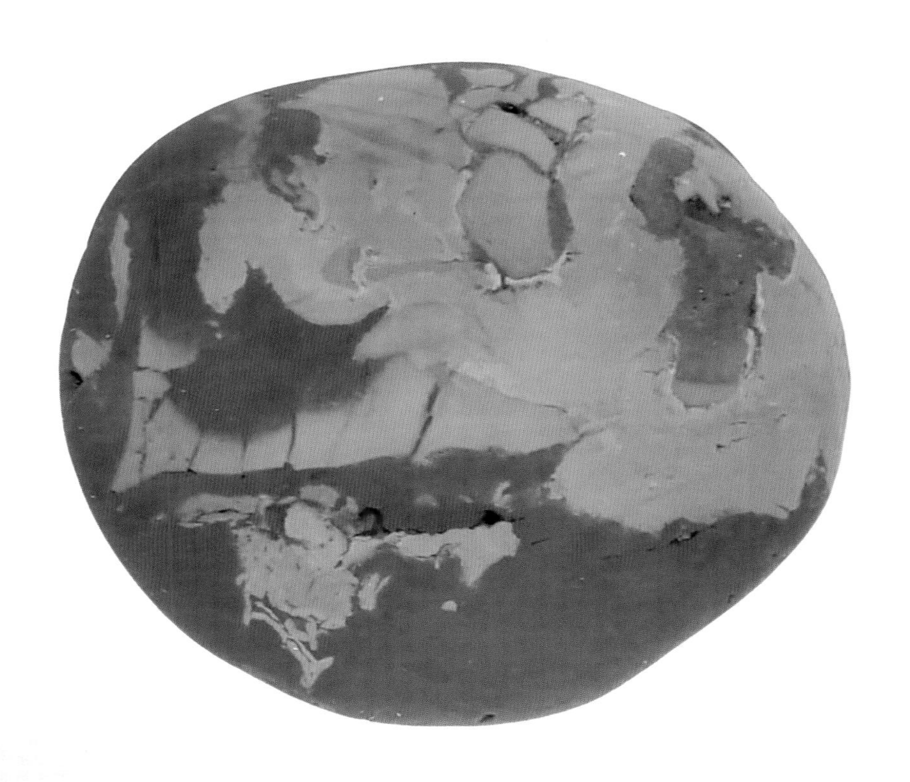

去湖南长沙旅游，行程中有爱晚亭景点。游完岳麓书院，出后门不远见一亭，它就是爱晚亭。

爱晚亭地处湖南长沙岳麓山风景绝佳处，三面环山，东向湘水，诚所谓“纳于大麓，藏之名山”。其在我国亭台建筑中影响甚大。爱晚亭与滁州醉翁亭、杭州湖心亭和北京陶然亭合称为我国四大名亭。

爱晚亭原名“红叶亭”，因满谷古枫而得名。后来，湖广总督毕沅觉得此名有点俗，他根据杜牧《山行》“停车坐爱枫林晚”诗意，更名为“爱晚亭”。不过，也有传说名字是袁枚所改。

有一年秋天，袁枚从南京来到长沙，拟去拜访岳麓书院山长罗典。罗典因袁枚招收女学生，有违圣贤之道，不予会见，并在书院的牌楼两旁贴了副对联：“不为子路何由见，非是文公请退之。”子路即仲由，子又是对人客气的称呼。上联的意思是说：“我和你不是一条路上的人，有什么理由见面呢？”唐朝文学家韩愈，字退之，谥文公。下联的意思是说：“你袁枚不是韩文公一样的人，请打道回府。”过了两天，袁枚真的造访，他看了罗典的对联，摇摇头，笑了笑，离开了。袁枚对岳麓山的景都写了诗，唯独在红叶亭下，只抄录了晚唐诗人杜牧的《山行》：“远上寒山石径斜，白云生处有人家。停车坐爱枫林晚，霜叶红于二月花。”特意把第三句抄脱了两字，变成了“停车坐枫林”。此事传到罗典耳里，他深感惭愧，马上吩咐人把“红叶亭”的匾额取下来，又亲笔题写了一块“爱晚亭”的新匾挂了上去。有人查袁枚诗文，不见此事的蛛丝马迹，恐是好事者所杜撰。

这方石头，原名叫“拥翠亭”，游罢湖南岳麓山后，将此石更名为“爱晚亭”。一来石头画面虽有拥翠之意，但不如爱晚亭贴切，秋日枫红尽染，取名诗之意；二来爱晚亭历史深厚，早期革命领袖们在这里谈论时局，探求真理，用“爱晚亭”三字作石名，实至名归，最为确切。

## 秘境藏古寺

5.9cmX4.6cm

登临古寺前，小草何芊芊。云雾山间绕，孤峰笄碧天。
野花红烂漫，茫茫树生烟。日落余晖后，声声响杜鹃。

佚名

# 湖心亭

6.1cmX4.2cm

百遍清游未拟还，孤亭好在水云间。
停阑四面空明里，一面城头三面山。
【清】许承祖

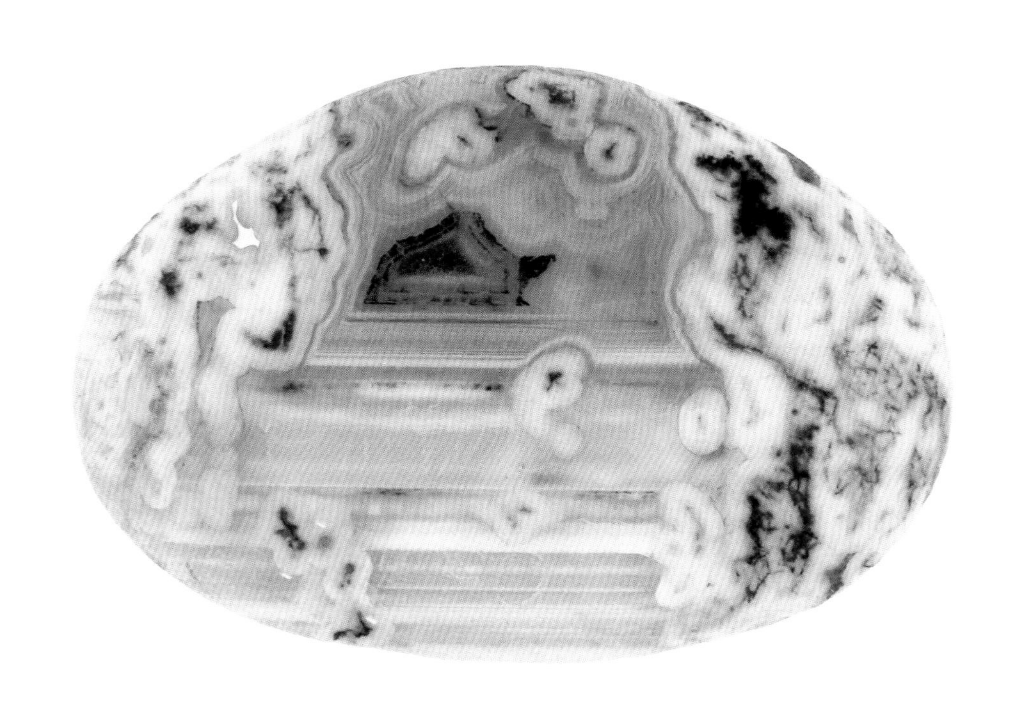

## 管鮑分金亭

4.5cmX3.5cm

这枚石子，水墨图纹，犹如一幅精妙的绘画作品。观其画面，映入眼帘的是座小山丘，一座古朴端庄的亭阁耸立其上，不远处依稀可见松柏葱郁，左侧一条通往亭阁的路道上，似有两个人在向上攀登。这个画面，与江苏盱眙县管镇街西一座亭子相似，此亭叫“管鲍分金亭”，记叙了历史上一段生动的故事。

相传春秋时期，管仲和鲍叔牙两人经常合伙做生意。某天下午，他俩途经泗洲城西北30里处，看见路边有根金条，便坐等失主，至日落，都不见有人来找。于是，他俩投宿，留下仆人看守。主人离开，仆人意欲将金条占为己有，岂料他刚弯腰拾金，金条不翼而飞，一条赤蛇向他扑来。恰巧此时一农夫路过，挥动锄头将蛇斩成两段。仆人担心金条不见难向主人交代，随即逃走。次日，管、鲍来到此处，只见金条断为两截，不见仆人踪影。二人正惊疑时，那位斩蛇的农夫也到此处。当双方叙说事情原委后，疑团顿解。农夫感叹道：“此金乃天赐二位也！”于是农夫拾起两截金条，分别递给管、鲍二人，管、鲍婉言拒受：“既然天赐金于此，地方乡民应受之。”遂把两截金条分别给了拾金之地的南北两村的老百姓。

乡民们为颂扬管鲍拾金不昧的美德和无私的分金义举，便在分金之处建起一座“管鲍分金亭”。同时，还将亭子南北两村分别改名为管公店和鲍家集，即现在的管镇和鲍家集。

拾金不昧、扶危济困是中华民族的传统美德，鲍管分金的故事折射出两人的高贵人格、高尚品德；鲍管分金亭如金子一般照亮人们向美、向真、向善、向上的心灵。同时，管鲍分金又是面镜子。如今，面对这面传承至今的明镜，那些只为一点蝇头小利而造假坑人的人，难道不觉得汗颜吗?

## 长城长

6.9cmX5.3cm

秦筑长城比铁牢，蕃戎不敢过临洮。

【唐】汪遵

## 断桥遗梦

6.6cmX6.3cm

西湖的桥，从中折断，雨中定情的纸伞丢向谁边？爱你想你找你喊你！在钱塘江雾里，我的梦，断桥遗梦，在苍茫茫的天水间。桥断水不断，水断缘不断，缘断情不断，情断梦不断。

【现代】韩静霆

## 烟雨瘦西湖

4.8cmX4.2cm

我曾于1995年底在扬州环保局挂职近两年，食宿在瘦西湖大虹桥旁的体育宾馆，早晚锻炼都在瘦西湖公园里。玩石时淘得此石，取名为“烟雨瘦西湖”，以纪念这段高兴且值得回味的经历吧。

有人称：“天下西湖，三十有六。”惟扬州的西湖以其清秀婉丽的风姿异于诸湖，占得一个的“瘦”字。一泓曲水宛如锦带，如飘如拂，时放时收，较杭州西湖，另有一种清瘦的神韵。“两堤花柳全依水，一路楼台直到山。”清代钱塘诗人汪沆将扬州西湖与杭州西湖作了对比，写道：“垂杨不断接残芜，雁齿虹桥俨画图。也是销金一锅子，故应唤作瘦西湖。”瘦西湖便以此而得名。

阳春三月，扬州最美，但有一半是美在瘦西湖。此时，湖光山色，花红柳绿，生机勃发。其中“绿杨城郭”的杨柳正吐絮纷飞，它随风起舞，似雪花般飘荡，或飞上天空，或落入墙角，或随着人们的脚步聚聚散散，如梦如幻，成为扬城的一道景观，引发人们的遐想。

琼花，又称聚八仙，花中一团花蕊，花蕊的一圈围着八朵小花，每朵小花上又有五片花瓣，就像是八位仙子围桌而坐。琼花的颜色白中透绿，美而不艳。传说隋炀帝就是为了到扬州看琼花而开凿了大运河。不过，传说总归是传说。琼花美丽，“四海无同类，此花只应扬州有”。琼花已成扬州市花。

瘦西湖之美，美也就美在几道流动的水。除此之外，那就是桥了。一为五亭桥，它是座廊桥，桥上五个亭子，既可遮风避雨，又是观景的佳处。桥下有五座拱形桥洞，每个桥洞之间又互相贯通，大小共十五个桥洞。在月明之夜，桥下的十五个洞就会洞洞含月。桥上五个亭子如盛开的莲花，故又叫作莲花桥。还有一座大有来历的桥叫二十四桥。此桥因为一首诗，让许多人为之神往。诗曰：“青山隐隐水迢迢，秋尽江南草未凋。二十四桥明月夜，玉人何处教吹箫。”起初，我以为是二十四座桥，谁知这竟然是一座桥，而且是座很小的单拱桥。瘦西湖水到这里细如瓶颈，二十四桥就像是这颈上的一副白玉项圈。仔细一数，这桥上共有二十四根汉白玉栏杆，两边各有二十四级台阶。若月明之夜再有人站立在桥上吹箫，便可再现杜牧诗中的意境了。

瘦西湖是由许多的景点串连在一起的。其中有军阀和盐商的花园，有为康熙、乾隆南巡修建的亭台楼阁，有佛堂、庙宇，还有文人雅士们聚会的书屋。除了这深远曲折的绿水，还有看不完的奇花、怪石、异木，道不尽的回味绵长的故事。

说到这里，再看看这枚石头上的景致，似乎是瘦西湖的实景刻录在这方寸石头上，很美，很有韵味。起初取名为“烟花三月”，后觉此名外延太宽泛，遂又取名为“烟雨瘦西湖”。南京朋友王成柱先生赏之，点赞，并吟诗一首，诗曰：“五亭桥下水平铺，轻舟过雨草烟无。船娘并橹歌欸乃，云垂柳絮瘦西湖。”

## 悬空寺

5.3cmX4.7cm

这枚石头景致奇特，引人入胜。左下方是座小山峰，旁边是条山涧河谷；右上方是悬崖峭壁，其上古朴的庙宇一列排开，悬挂在高崖边上，顶上是凸出的崖石。我细品慢读此石，将其取名为“悬空寺”，凝视它让人觉得寺悬不可测，神远不可及……

悬空寺金龙峡在山西恒山翠屏峰的峭壁上。相传，北魏天师道长寇谦之仙逝前给弟子李皎留下遗训，要弟子们建造一座空中寺院，以“上延霄客，下绝嚣浮”。就是让人们登上这座寺院，便能与天上的神仙交流，从而忘却人世间的烦恼。李皎等弟子苦寻43年后，终于在恒山入口处的金龙峡，发现与天师道长建寺要求相符的地点。李皎等弟子以巧夺天工的智慧，构筑着所有的细节，把这个奇险建筑，挂在了翠屏峰的悬崖峭壁上。

悬空寺建于北魏后期，金、明、清均有重修，现为明清建筑风格，具有险、奇、巧的特点。共有楼阁40座，从低到高三层叠起。民间道：“悬空寺半天高，三尺马尾空中吊。”

悬空寺不仅以建筑奇巧著称于世，它还反映了三教合一的宗教思想，在全国各地寺庙建筑中极为罕见。三教教主共聚一堂，中间为佛教创始人释迦牟尼，左边为儒家创始人孔子，右边为道家始祖老子。

古往今来，悬空寺以它独特的魅力吸引了不少文人墨客。大诗人李白云游至此，挥笔书写了“壮观”两个大字。奇怪的是，“壮观”的“壮”字多加了一点。据说，这是由于李白赞叹悬空寺的壮观比壮观还多一点。大旅行家徐霞客游历悬空寺后，在他的游记当中留下了“天下巨观”的赞誉。

英国的一位建筑学家曾无限感慨地说：“中国的悬空寺把美学、力学、宗教巧妙地融为一体，达到了尽善尽美，我真正懂得了毕加索所说的‘世界上真正的艺术在东方’这句话的含义。悬空寺不仅是中国人民的骄傲，而且是全人类的骄傲。”据说，悬空寺为全球十大惊险建筑之一。

悬空寺是国宝级建筑，雨花石又是天赐国宝，它们都是华夏文明的骄子。尤其是雨花石无象不包，无景不呈，在方寸石子上，能表现恢弘的悬空寺的建筑意象，造化之神奇，令人叹为观止。获此佳品，人生大幸也！

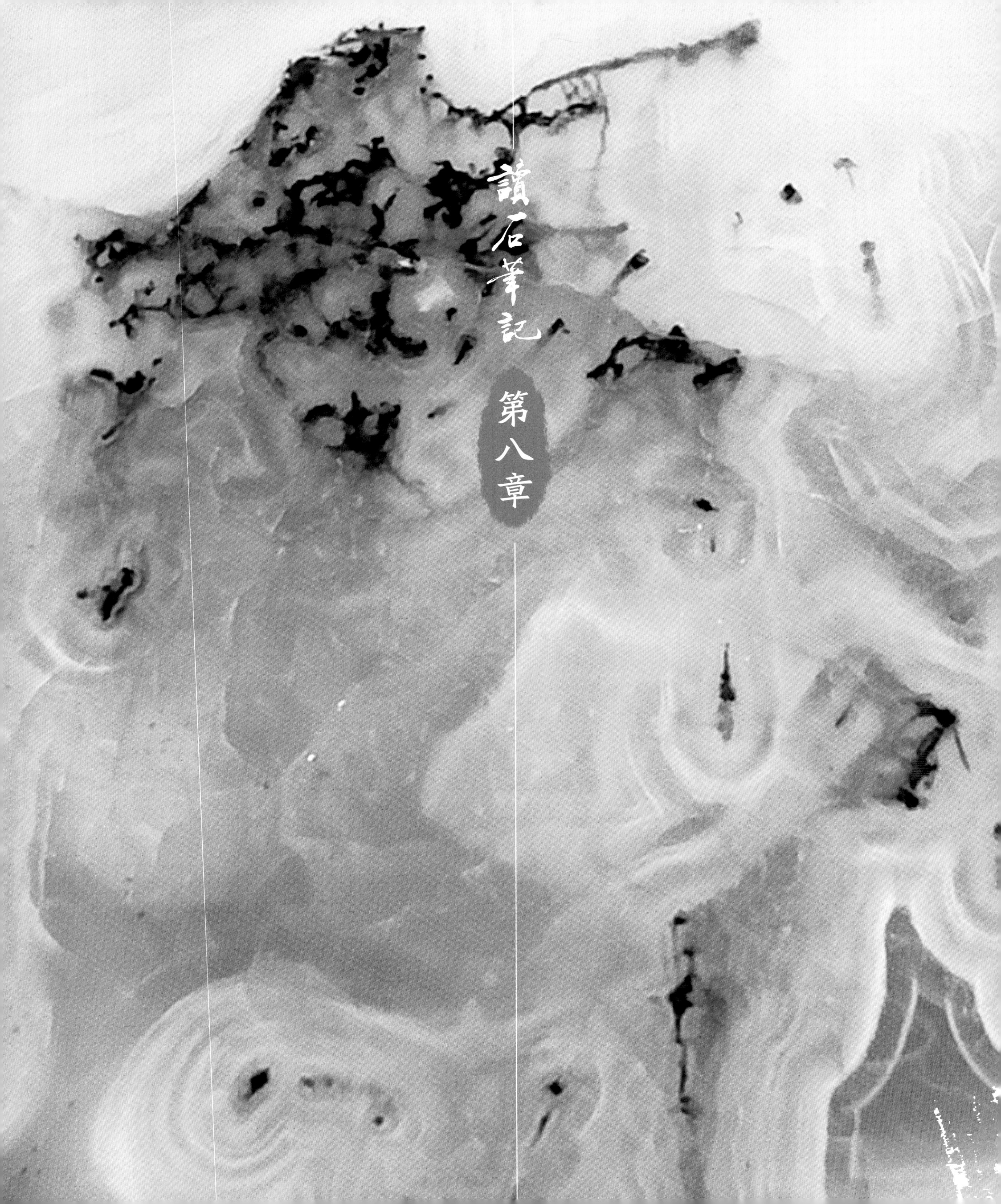

# 讀石筆記

## 第八章

# 诗画天成

## 桃花潭边桃花源

7.3cmX3.5cm

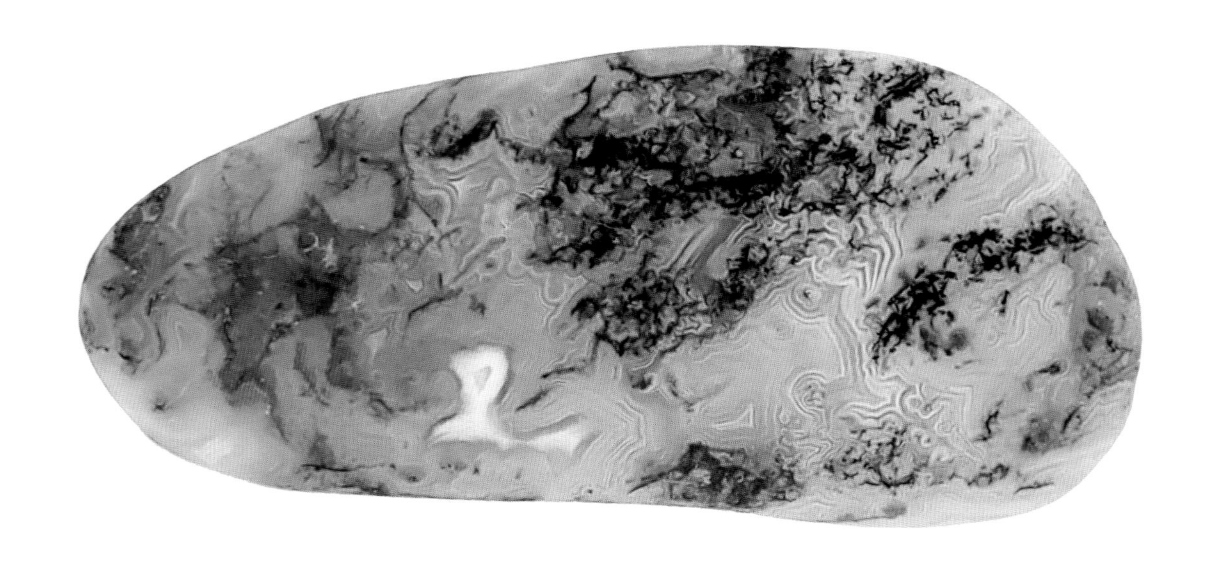

淘得此石，赏悦不已，赏之，忽想起一首歌，名曰《桃花潭边桃花源》，歌里唱道："桃花潭边桃花源，桃花如雨柳如绵。十里桃花等君来，万家酒楼水云间。"歌曲咏唱的是唐代大诗人李白和汪伦之间朴实真挚友情的故事。

相传，某日，李白游历到了泾县，汪伦十分仰慕他的诗才，写信盛邀，说这里有十里桃花，万家酒店，恭请先生光临。李白欣然允诺，到了才知道，原来离村十里是这泓桃花潭，潭边有一家万姓酒铺，李白回过神来哈哈大笑，与汪伦一众村民盘桓数日，尽欢而去，留下绝句云："李白乘舟将欲行，忽闻岸上踏歌声。桃花潭水深千尺，不及汪伦送我情。"我把玩细品再三，愈觉此石意境与这个故事的情境吻合之妙，故借而名之"桃花潭边桃花源"。

桃花，自古便是光明、美好、繁盛的象征，从《诗经》的"桃之夭夭，灼灼其华"，到唐人的"人面桃花相映红"；更有桃花源的理想鞭策我们中华民族建设美好家园。

晋人陶潜曾记述一位渔人驾舟于溪上："缘溪行，忘路之远近。忽逢桃花林，夹岸数百步，中无杂树，芳草鲜美，落英缤纷。渔人甚异之……"这情景，描写的难道不是这枚美石上的画面吗？

我仿佛看到陶渊明先生自己缘溪而行，徘徊于芳草之上，流连于夭桃之侧。哦，五柳先生，还记得白衣送酒的轶事吗？这枚美石中的一袭白影居然让我想起了这个典故，其雅也如此，其醉也如此。是啊，美石的欣赏让人沉醉于雅致之中，一种身心的愉悦、一种精神的升华，无物无我之妙境也。

搁笔思考，似有意犹未尽之感，一个小故事忽又出现在脑海中：一个黄昏，纪昀等一群举子路过南京燕子矶。等船渡江之时，渡口江风拂面，芳菲桃艳，柳絮轻扬，有一人突然高吟一句"柳絮飞来片片红"，便沉吟不语了。

众人闻之，有人哂笑说，桃花红，没听说过柳絮红的。纪晓岚大声赞道："妙句啊，妙句，诸位听我补来：十二桥头十二风，画栏凭眺大江东。夕阳返照桃花渡，柳絮飞来片片红。"



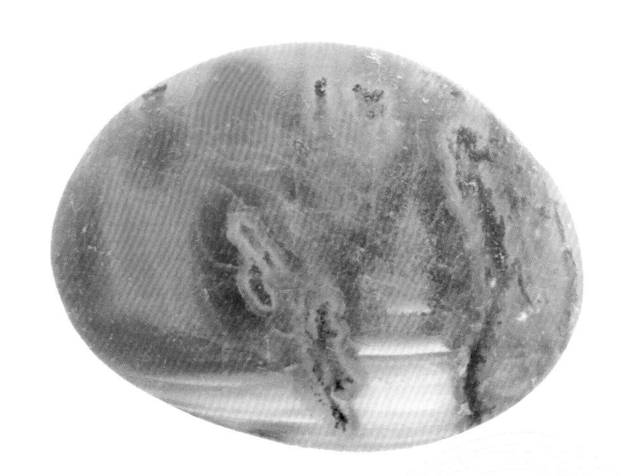

夏日潭边听蝉声
4.3cmX3.4cm

## 江山多娇

5.0cmX4.1cm

江山奇绝处，多在画图看。
【明】方孝孺

## 东方欲晓

4.7cmX3.1cm

鸟渴催宵漏，鸡鸣引曙光。

【宋】宋庠

## 空山新雨后

4.6cmX4.1cm

空山新雨后，天气晚来秋。
【唐】王维

# 秋林疏影

6.1cmX5.6cm

碧云天，黄叶地，秋色连波，波上寒烟翠。

【宋】范仲淹

## 瑞雪平安图

7.5cmX5.5cm

由来瑞雪兆丰年，况此呈祥当腊前。
圣心夙夜念民瘼，自有精神格昊天。
【明】杨荣

## 版纳风情

10.3cmX9.0cm

石上风情画，西双版纳图。原林夕照雨，竹寨晚烟疏。
象鼓寺钟远，笙歌孔雀出。几时来泼水，羞把花苞输。

【现代】王成柱

## 魂断马嵬坡

7.3cmX5.0cm

玄宗回马杨妃死，云雨虽亡日月新。
终是圣明天子事，景阳宫井又何人。
【唐】郑畋

## 溪山隐居图

5.3cmX3.8cm

山际见来烟，竹中窥落日。鸟向檐上飞，云从窗里出。

【南朝梁】吴均

## 枯藤老树昏鸦

6.2cmX4.5cm

“枯藤老树昏鸦”，这是元代散曲大家马致远《天净沙·秋思》中的名句。此石较好地体现了这一意境：

深秋的黄昏一派灰暗，荒凉凋谢的蒿草，干枯败落的藤枝，缠绕在饱经沧桑的老树上。两只昏鸦还在地上觅食，有几只站立枝头，扑打着翅膀，呱呱地啼叫着，令人心酸。一幅秋野黄昏的凄凉图景跃然石上。

读此石，突然觉得一股凄凉之气袭面，给人以生理上的寒冷感，同时又引发人心之中的种种悲哀之情。你看，枯藤，已没有生命，老树被飒飒的秋风吹着它走向风烛残年，尤其那归巢的暮鸦啼叫声，满含哀伤。现实生活里，乌鸦常常被认为是死亡、恐惧和厄运的代名词，是报丧鸟、“晦气鬼”。谁哪天遇见它，或一大早听到它嘶哑的叫声，就会忐忑不安，甚至心惊肉跳。本来要出门的不走了，本想要办事的打住了，嘴里“呸！呸！百邪尽消、百邪尽消”地念咒避邪，仿佛乌鸦是死神，真会带来灾祸一样。从小我也忌讳乌鸦，我把它们的叫声翻译成“糟啦！糟啦！倒霉啊！出事啦！”因而毛骨悚然。我也曾跟邻居一样，看见乌鸦就扔石子、捅竿子，必得把它们打跑而后快。可以这么说，乌鸦是不受欢迎的鸟，人们讨厌它的程度不亚于老鼠。跟乌鸦有关的词语都不大好听，如“乌鸦嘴”“乌鸦聒噪”“倒霉愁鸦”，最常见的恐怕就是“天下乌鸦一般黑”了。

这枚石头虽不如绿草花那么好，但它能带给我们诸多的遐想。那是因为它的写实，记录了久远的存在，更因它暗含了题名之意。原来“此景只能诗中有”。仔细端详此石画面，再品味词句，不由得让我黯然感叹！现今能看到几株上了年岁的老树，能听到乌鸦发出“哇——哇——”的噪鸣，可能也是种奢望了。唉，谁之过也？

昏鸦数点傍林飞

8.5cmX5.0cm

## 春山涌泉

6.9cmX3.8cm

穷冬未见六花飘，春意微微动柳梢。
千丈龙形蟠暮岭，一条虹影落溪桥。
【宋】程师孟

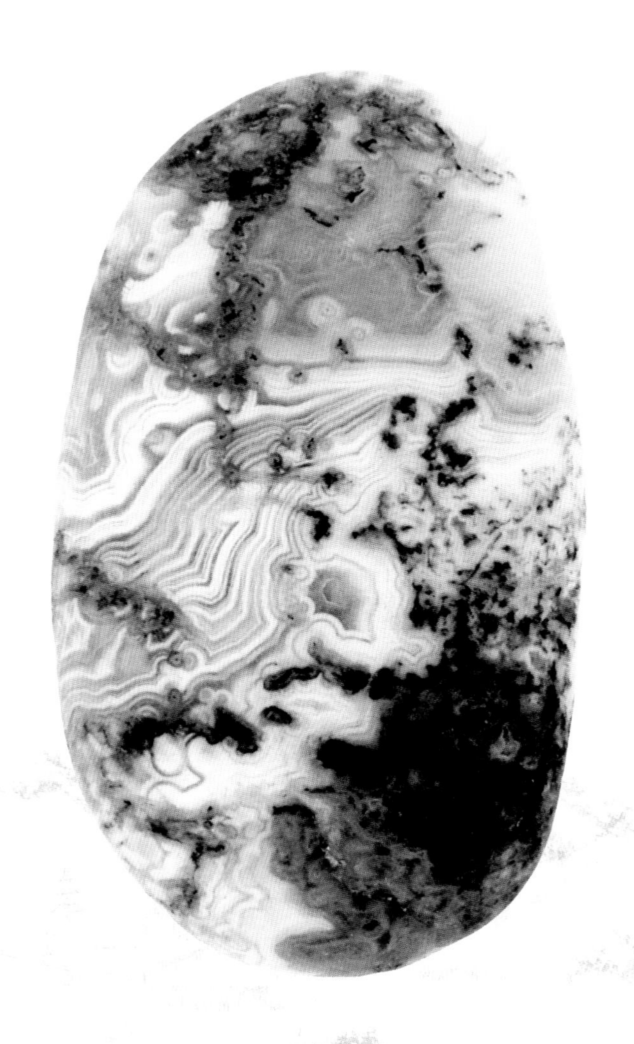

# 松壑流云图

6.2cmX5.0cm

万壑潆回磴道长，崇冈交互转苍苍。
疏松过雨虚阑净，古木回风曲岸凉。

【元】吴镇

## 春山浴金轮

6.4cmX5.0cm

首夏晓犹寒，闲庭澹风露。
一轮初日上，红映东林树。
【清】弘历

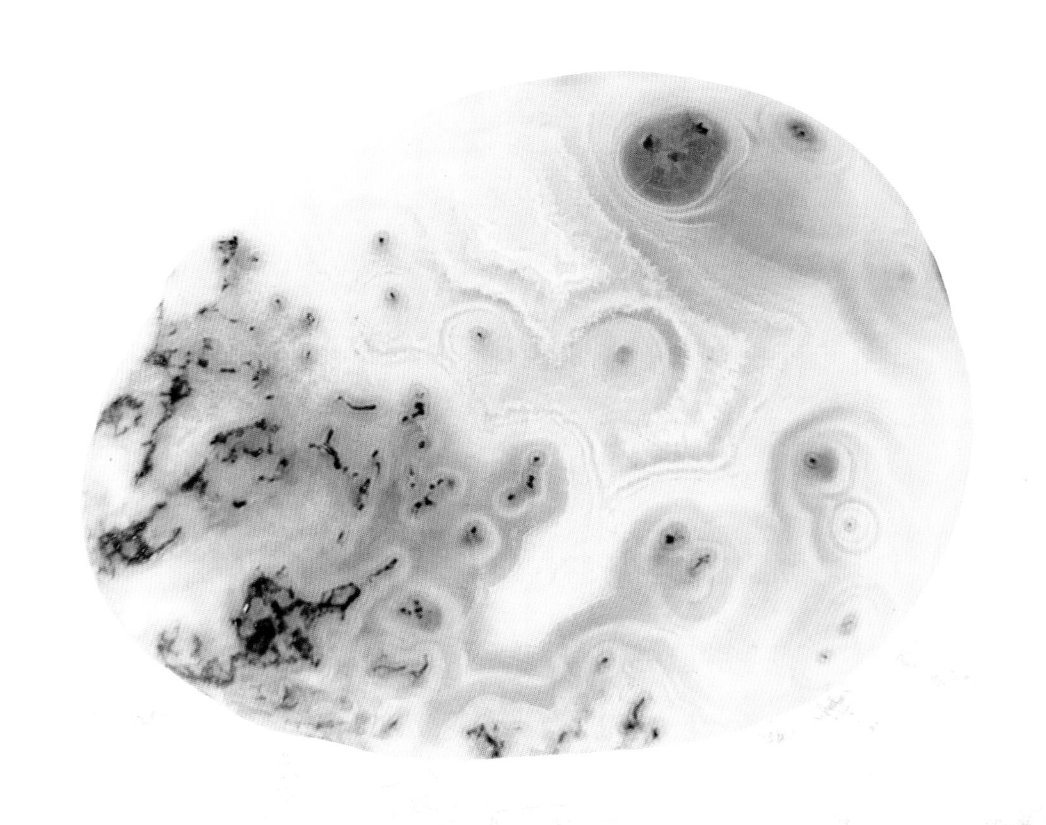

# 秋湖月夜

5.3cmX4.6cm

半秋三夜月，千古五湖舟。
【宋】范成大

## 青山依旧在，几度夕阳红

5.7cmX4.9cm

滚滚长江东逝水，浪花淘尽英雄。
是非成败转头空，青山依旧在，几度夕阳红。
【明】杨慎

## 绿肥红瘦

4.6cmX3.6cm

知否，知否？应是绿肥红瘦。

【宋】李清照

## 松云托日

5.5cmX4.6cm

云日明松雪，溪山进晚风。
【宋】陈师道

# 霜落千林木叶丹

6.6cmX5.6cm

霜落千林木叶丹，远山如在有无间，经秋何事亦孱颜。

【近代】王国维

## 两个黄鹂鸣翠柳

6.2cmX5.0cm

唐代大诗人杜甫《绝句》“两个黄鹂鸣翠柳，一行白鹭上青天。窗含西岭千秋雪，门泊东吴万里船”的佳句流传深远，那诗中的“黄鹂”“翠柳”给人留下了深刻印象。如今，这一景象被定格在这枚雨花石之上，让人叹为观止！

此石取名为“两个黄鹂鸣翠柳”，画面中呈现春光明媚、水光潋滟、垂柳依依的景致。更妙的是，石右边有两只黄鹂飞临刚刚抽丝发芽的柳树，相互追逐，唱出了悦耳动听的歌声。两个黄鹂是这枚石头的精彩之处，有了它们，此石便有了生命和意境。

观此石似一幅风景画，可谓是鬼斧神工之作，几百万年前上苍为世人绘制而成，一千多年前杜甫为这枚石头取了名。整个画面构图简洁，灵动感强，颇具观赏价值。著名诗人、雨花石鉴赏家忆明珠，曾经就雨花石的美丽奇异有过这样的感叹：“人世间有巧夺天工，自然界也有天夺人巧。”揆之此石，真可谓确切。



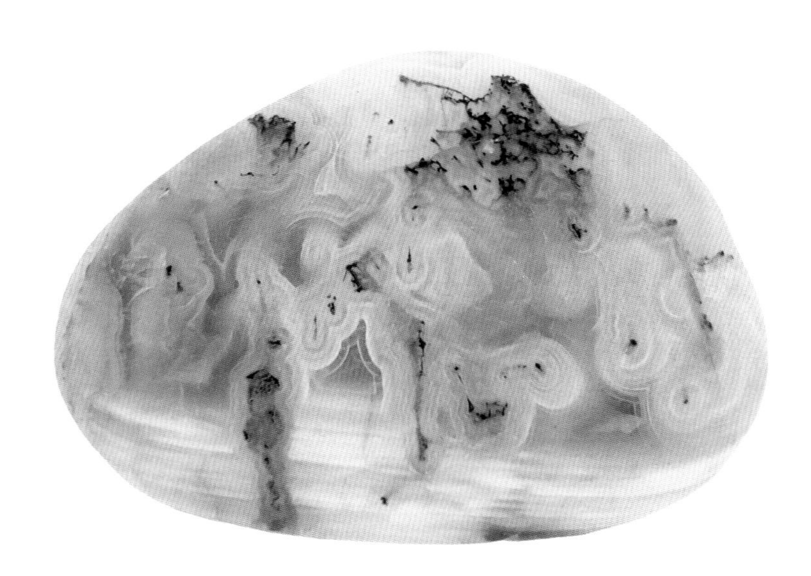

拂堤杨柳醉春烟

4.5cmX3.3cm

## 栖霞醉月

6.2cmX4.9cm

栖霞红树烂如霞，十月天晴风日嘉。
【明】纪映钟

## 田园秋实

6.8cmX5.4cm

俯瞰田园秋正浓，青黄畦垄画乡风。
又疑大叶挂金柿，果熟凌霜欲染红。
【现代】王成柱

## 金秋印象

7.6cmX6.3cm

岁岁年年秋色里，
玳筵红烛醉风光。
【宋】项安世

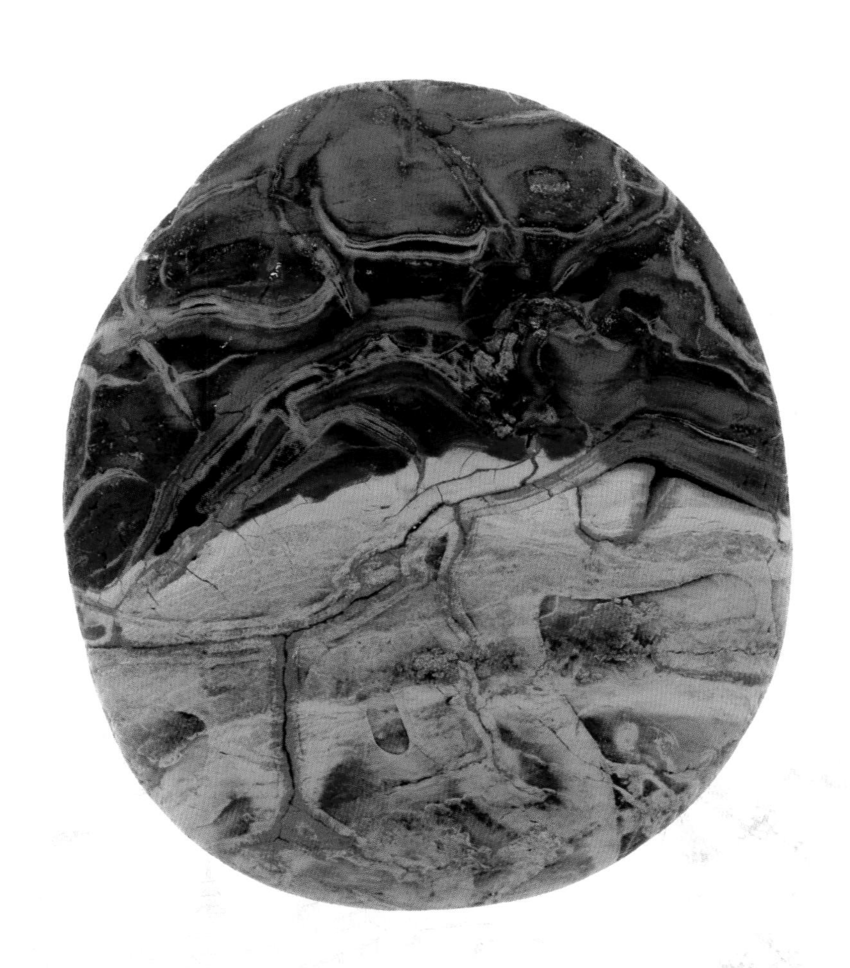

## 皖南秋色

5.2cmX5.1cm

十里西畴熟稻香，槿花篱落竹丝长，垂垂山果挂青黄。
浓雾知秋晨气润，薄云遮日午阴凉，不须飞盖护戎装。

【宋】范成大

## 云山飞瀑

5.2cmX4.3cm

瀑布半天上，飞响落人间。
【明】李梦阳

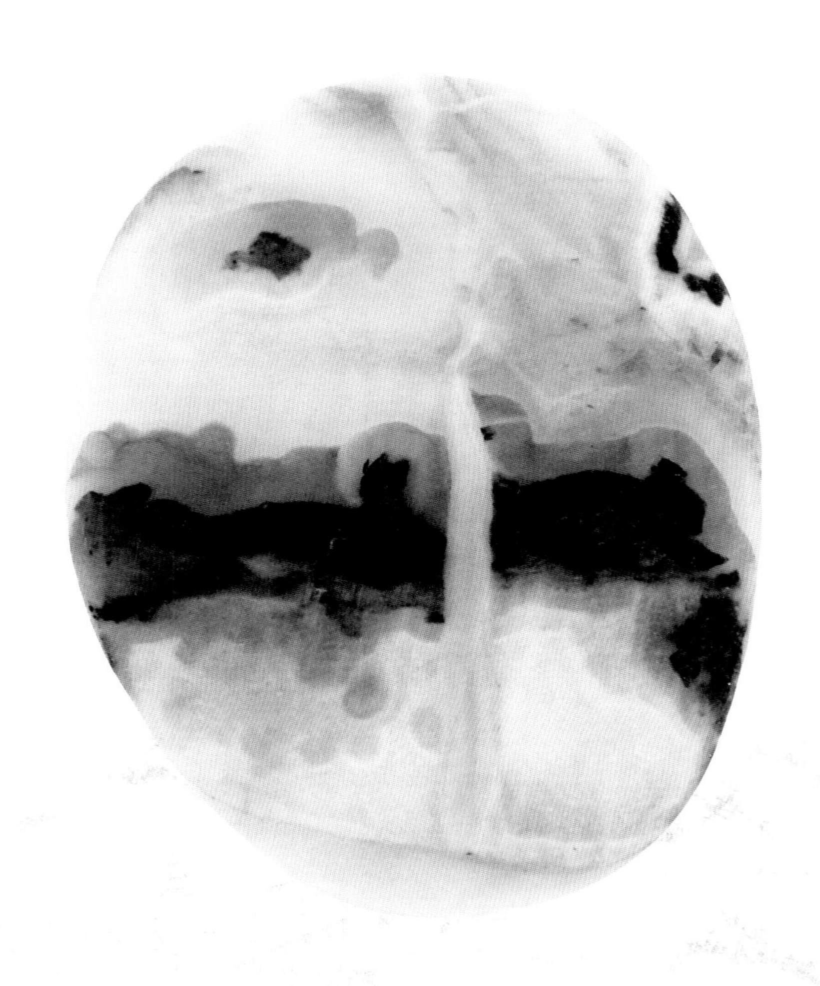

## 春柳傲雪

5.2cmX4.8cm

新年都未有芳华，二月初惊见草芽。
白雪却嫌春色晚，故穿庭树作飞花。
【唐】韩愈

## 疾风知劲草

6.9cmX4.9cm

疾风知劲草，板荡识诚臣。
勇夫安识义，智者必怀仁。
【唐】李世民

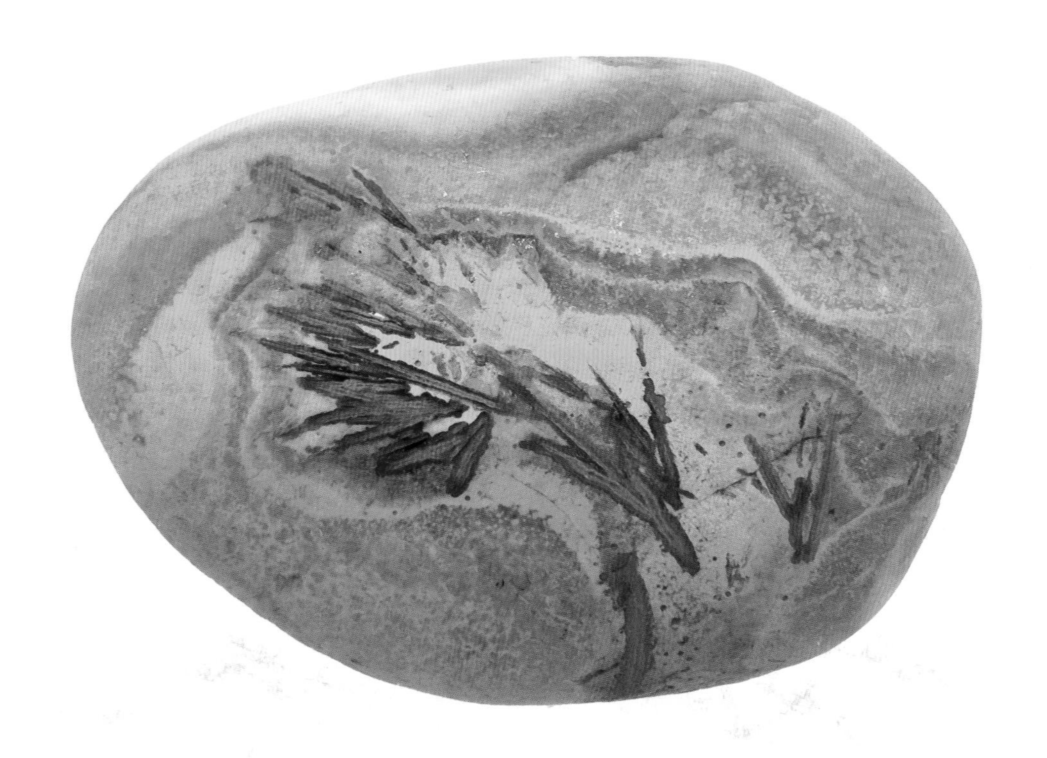

# 溪山雪霁图

9.8cmX8.1cm

朝回小阁昼拄笏，却忆溪山初霁时。

【明】王世贞

## 梦笔生花

5.7cmX4.0cm

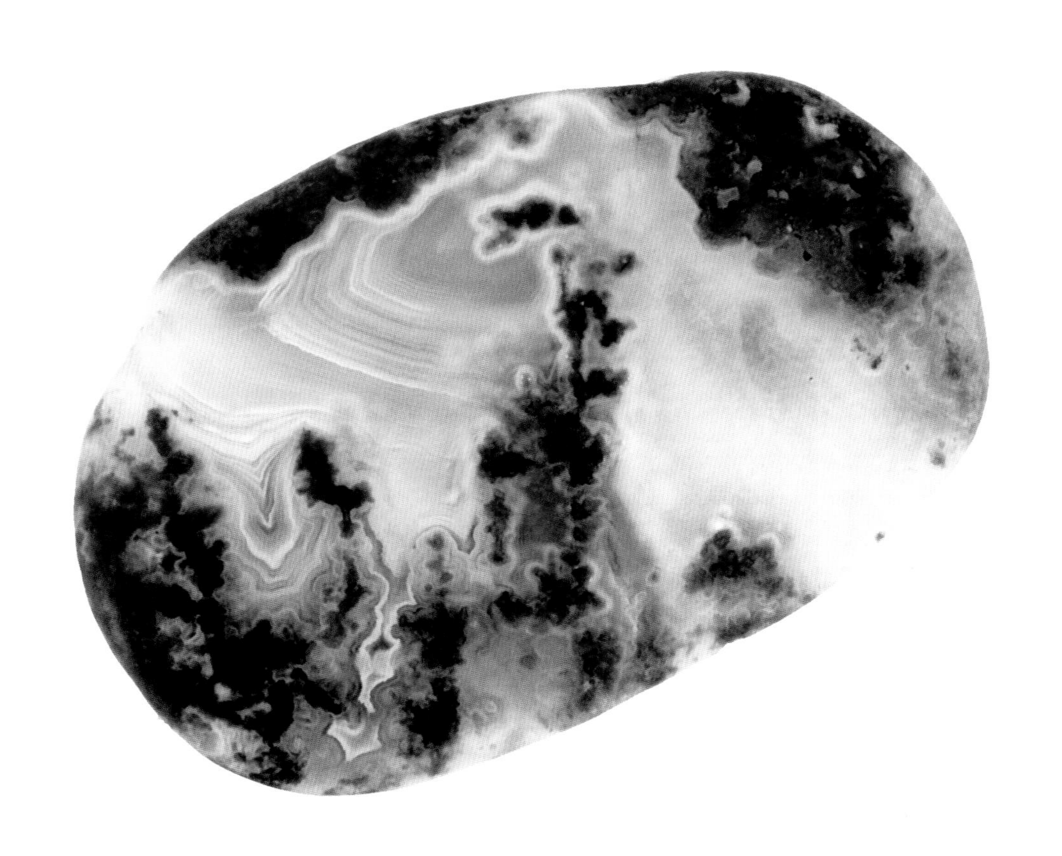

“梦笔生花”是黄山北海的著名景点。山涧之中，有孤岩耸峙，岩端小松与孤耸的岩峰恰成管锥状，浮雾流霞，宛如蘸墨行书。

黄山的梦笔生花，与李白有关。李白一生好游历名山大川，他也曾游历黄山，“问余何意栖碧山，笑而不答心自闲”，“我宿黄山碧溪月，听之却罢松间琴”。他数度来此，和黄山及黄山的乡民结下了深厚的情谊，著名的《赠汪伦》，就是在黄山附近写就的。

当地传说，李白游黄山，夜宿山民之家，蒙山民热情款待，尽欢之下诗兴大发，一挥而就，醉态朦胧中将笔掷入山涧，化作名山一景。

此石松壑倚云，涧风流雾，岂不是黄山“梦笔生花”的实写之画吗？南京赏石朋友不由兴起，说诗仙在上，妙笔在石，咏诗四句云：“黄山霁雨蔚云霞，峰挺松毫写雾华。醉里诗仙一掷笔，游人若个梦生花。”

## 彩虹锁雾

4.0cmX3.7cm

我欲穿花寻路，直入白云深处，浩气展虹霓。

【宋】黄庭坚

## 冬湖寒柳

5.7cmX4.2cm

飞絮飞花何处是，层冰积雪摧残，疏疏一树五更寒。爱他明月好，憔悴也相关。

【清】纳兰性德

# 落霞余晖

6.7cmX5.2cm

新月已生飞鸟外，落霞更在夕阳西。

【宋】张耒

## 绿野仙踪

4.2cmX3.9cm

平湖绿野两茸茸，青草黄栌袅袅风。
谁向空濛吹玉笛，缟裙飘去觅仙踪。
【现代】王成柱

# 南山幽谷

7.6cmX4.4cm

南登龙山亭，北望幽谷风。云气不成雨，濛濛散高松。

【明】刘崧

## 烟雨姑苏

5.5cmX5.3cm

水天弥望接青芜，云气漫漫近又无。
一色好风三百里，挂帆安坐过姑苏。
【宋】戴表元

# 仙林逐鹿图

5.9cmX4.4cm

溪上春风笑语温，溪头春水涨新痕。
中原逐鹿人谁是，桃花桃叶自一村。
【明】孙一元

## 冬韵

5.2cmX5.0cm

风送深冬，雪消残腊，天时人事相催。
堂北迎萱，水东问柳，阿谁报道春回。
【宋】陈德武

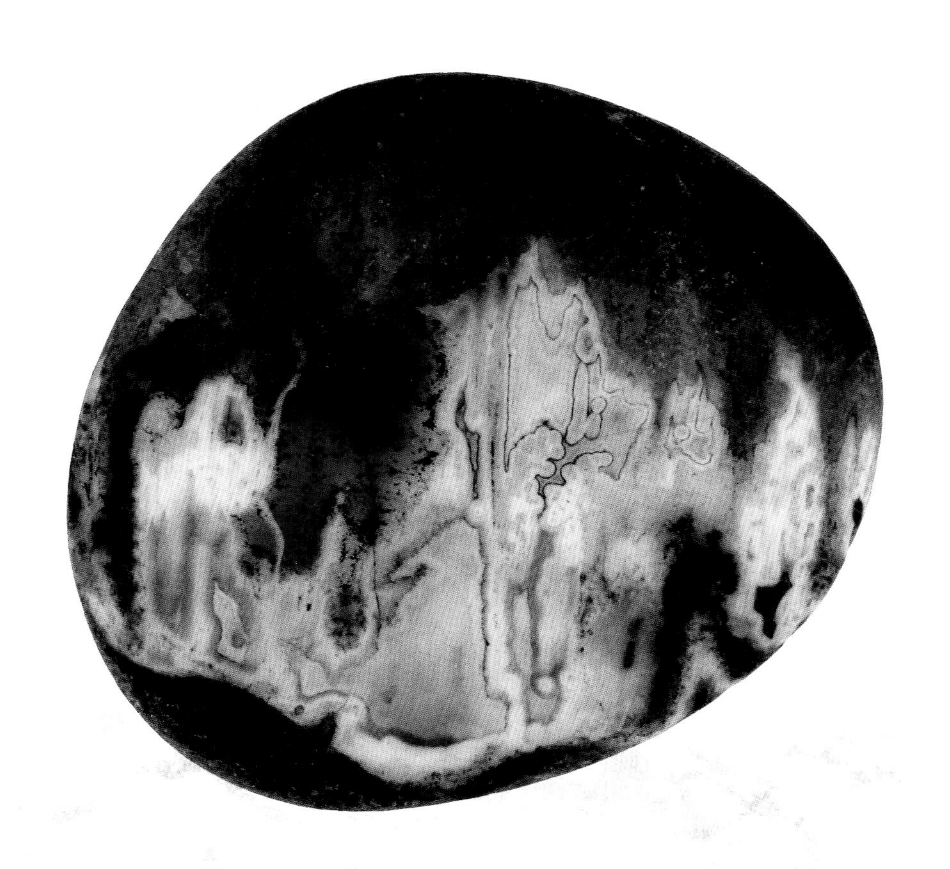

## 雁荡金秋

5.2cmX5.0cm

驿路入芙蓉，秋高见早鸿。
荡云飞作雨，海日射成虹。
【宋】林景熙

## 木兰围猎

5.6cmX5.0cm

初看此石，我没有觉察它有特别之处，也没把它当回事，随便放在一堆石头中。直到有一天，石友老周看到此石，拿在手上把玩好一会，对我说：“不要小看这石头，它的意境很好呀！”我不解地问：“何以见得？”他便给这石头定名“木兰围猎”，然后讲述了清康熙、乾隆围猎的故事。

位于承德北部围场县境内的木兰围场，是清代皇家猎场。当时的木兰围场，根据地形和禽兽分布，被划分为72围。每次狩猎开始，先由管围大臣率骑兵，按预先设定的范围，合围靠拢，形成一个包围圈，并逐渐缩小。头戴鹿角和面具的士兵，隐藏在圈内密林深处，吹起木制的长哨，模仿雄鹿求偶的声音。雌鹿闻声而来，雄鹿为夺偶而至，其他野兽则为食鹿而聚拢。等到包围圈缩得很小，野兽非常密集的时候，大臣就请皇上首射，皇子、皇孙随射，然后其他王公贵族骑射，最后是大规模围射。承德避暑山庄博物馆内有一幅《乾隆木兰秋狝图》，生动地描绘了清代围猎的情景。

我边听石友讲故事，边注目静视此石，想象的翅膀随故事情节展放，一幅皇家围猎图，即刻呈现石上：深秋时节，秋阳西下，黄叶纷飞，落日的余晖洒在围场上，远处树林的影子依稀可见，三五成群的鹿在围场中狂奔，躲避猎者的射杀。画面上虽然看不到人群马队的身影，但耳边仿佛可以听到马蹄声、猎者的笑声、鹿的哀鸣声。

紫竹临风
4.5cmX3.2cm

## 鹤鸣松涛

5.8cmX4.6cm

鹤鸣于九皋，声闻于野。

《诗经·小雅·鹤鸣》

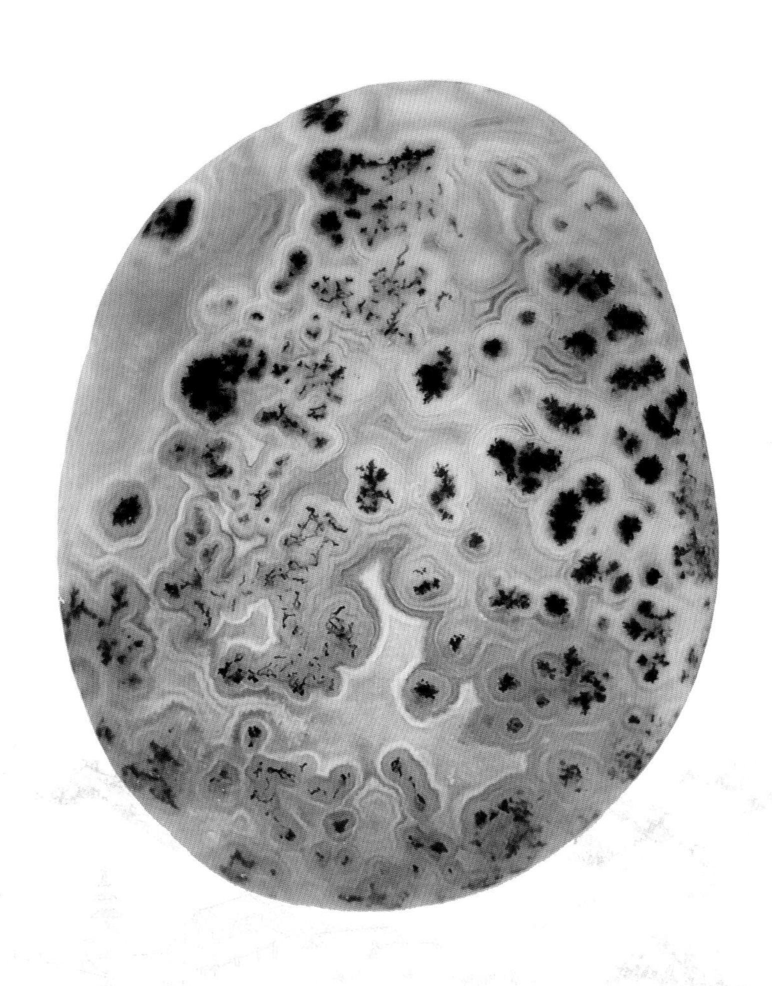

# 春耕图

5.4cmX4.0cm

晓起烟千树，春耕两一犁。

【宋】蔡开

## 柳丝临风弄春波

4.6cmX3.6cm

柳丝长，摇春愁。春愁万缕多如织，容华消烁应难留。
江南春正好，东风弄和柔。纷纷绮罗子，往来陌上头。
【明】黄淮

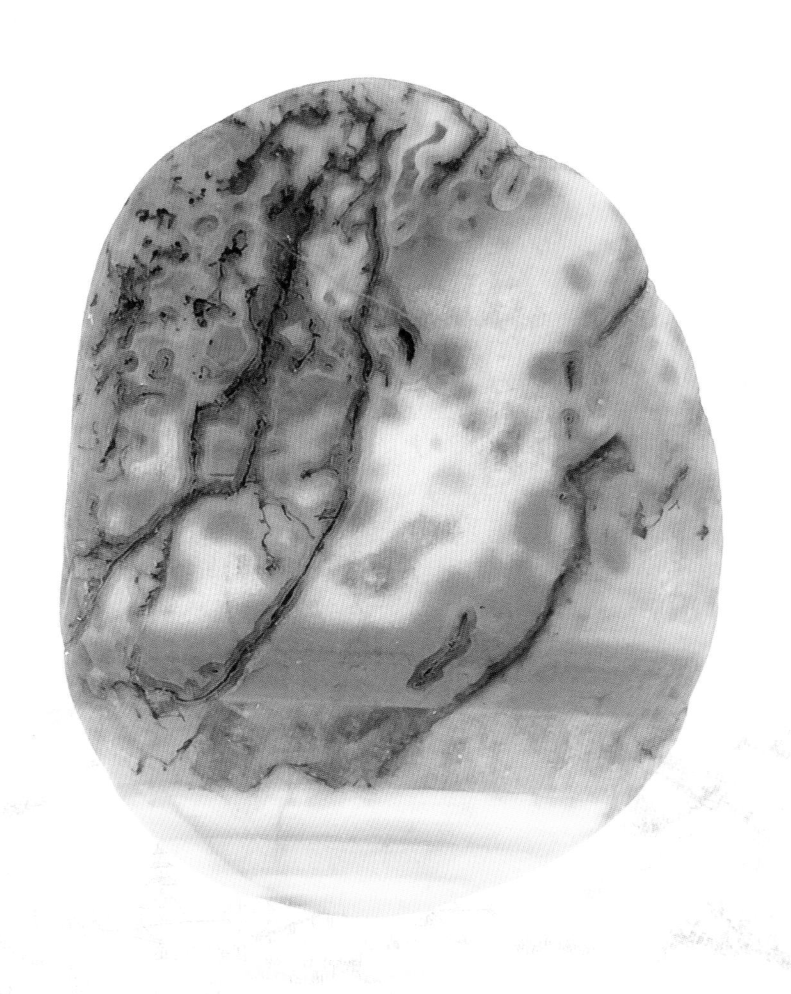

## 柳暗花明又一村

6.8cmX5.2cm

山重水复疑无路，柳暗花明又一村。

【宋】陆游

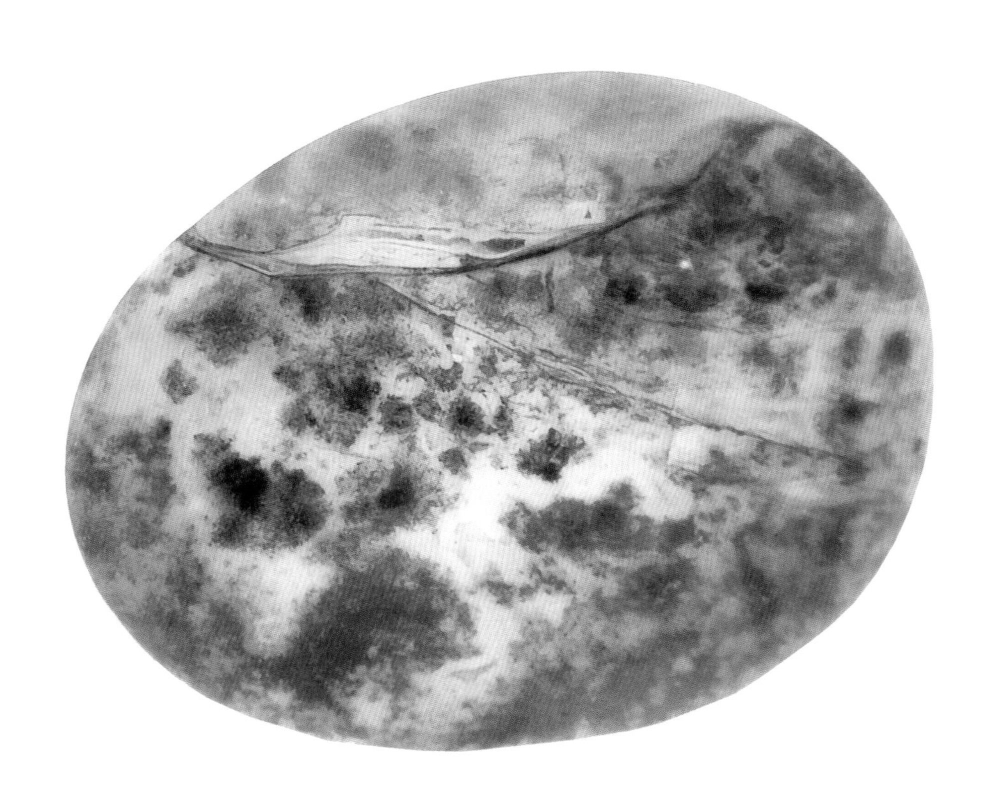

# 讀石筆記

## 第九章

俗语成画

## 鸲鹆噪虎

6.4cmX4.9cm

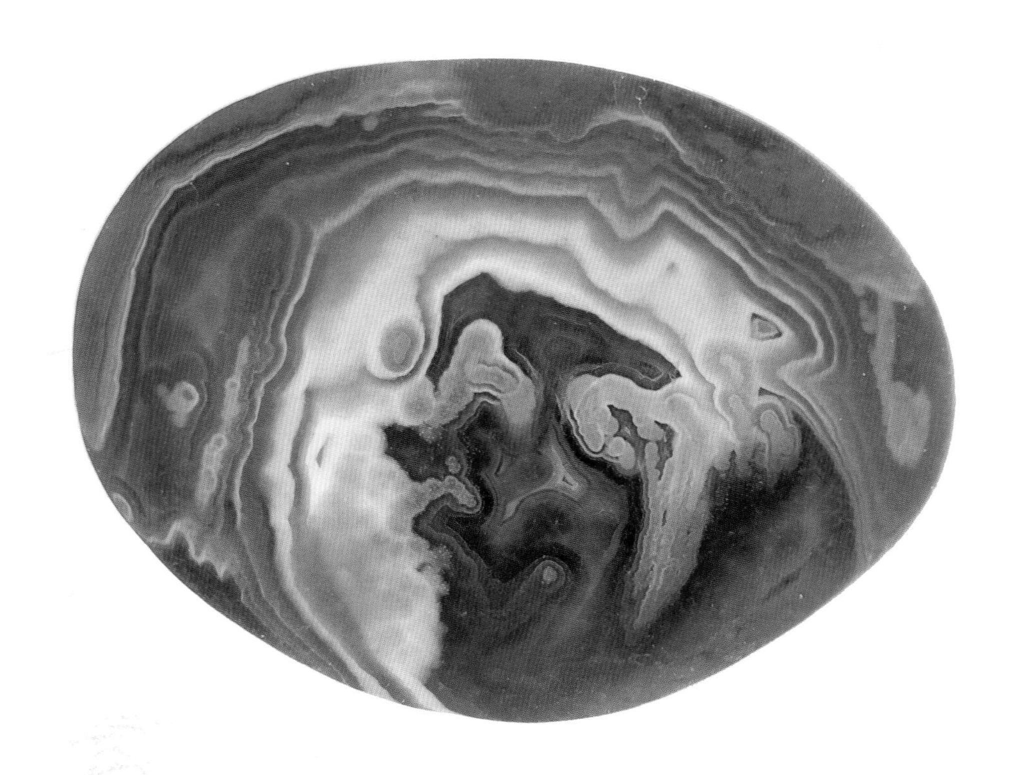

此石画面奇俏：石上有一鸟立于树端杈桠处，目视树下，神情专注而略带紧张。细赏之，我想起了“鸲鹆噪虎”的寓言故事。

鸲鹆即八哥。此寓言出自明初刘基所著的《郁离子》，说在女几山上，一群喜鹊筑巢而居。每每有虎在树丛中穿行，喜鹊们见了便对其大叫，八哥们闻声也跟着大叫。寒鸦问道：“老虎在地面行走，和你们有什么关系，向它叫干吗？”

喜鹊回道：“你不知道虎啸而生风吗？风骤，就有吹翻我们窝巢的危险，所以我们必须用叫声驱赶老虎，你说是不是呢？”八哥们无话可说。

寒鸦见而笑之：“喜鹊的巢筑在树顶枝梢，怕风，自然就怕虎啸。你住在树洞里的，虎危害不到，你跟着去叫干吗？”

寓言讽刺了那些没有目的和主见，只会盲目效仿他人的人，这种人没有自信，不会独立思考，只会人云亦云。

说到这里，我又想起了东施效颦的故事来。西施是著名的美女，她有心疼病，出门忍痛皱眉，邻里见了，觉得西施更美了。村上丑女东施，看西施这样很美，于是她也手按心口，蹙额皱眉地走在村上，邻人见了赶紧关上大门，拽着妻儿赶紧避开。丑女这愚蠢的举动，留下了千古笑柄。

这个故事告诉我们，一要学会独立思考问题，不要盲从跟风，二要客观地认识自己，否则轻则闹出笑话，重则会造成工作和声誉的损失。做人做事必须充分考虑之，加以自省和预防。

赏石读石，形色之美，愉悦身心。若能联系典籍，拓展思维，就可发现自然之美、社会之美、历史之美、哲理之美，汲取精神之滋养，抒发心胸之舒畅，真乃文化之美也。

霜树尽空枝

4.0cmX3.8cm

## 岁寒三友

### 松

5.3cmX4.2cm

松生数寸时，遂为草所没。未见笼云心，谁知负霜骨。
弱干可摧残，纤茎易陵忽。何当数千尺，为君覆明月。

【南朝梁】吴均

### 竹

4.8cmX4.8

新竹高于旧
明年再有新

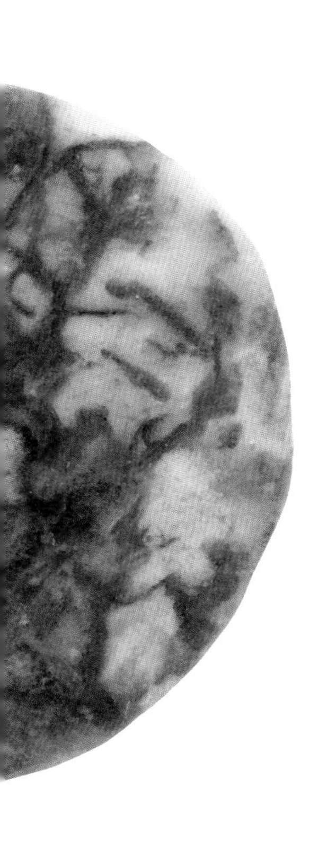

老干为扶持。
龙孙绕凤池。
【清】郑燮

## 梅

6.6cmX4.0cm

众芳摇落独暄妍，占尽风情向小园。疏影横斜水清浅，暗香浮动月黄昏。
霜禽欲下先偷眼，粉蝶如知合断魂。幸有微吟可相狎，不须檀板共金尊。
【宋】林逋

## 梅花三弄

梅花一弄戏风高，薄袄轻罗自在飘。半点含羞遮绿叶，三分暗喜映红袍。
梅花二弄迎春曲，瑞雪溶成冰玉肌。错把落英当有意，红尘一梦笑谁痴。
梅花三弄唤群仙，雾绕云蒸百鸟喧。蝶舞蜂飞腾异彩，丹心谱写九重天。

佚名

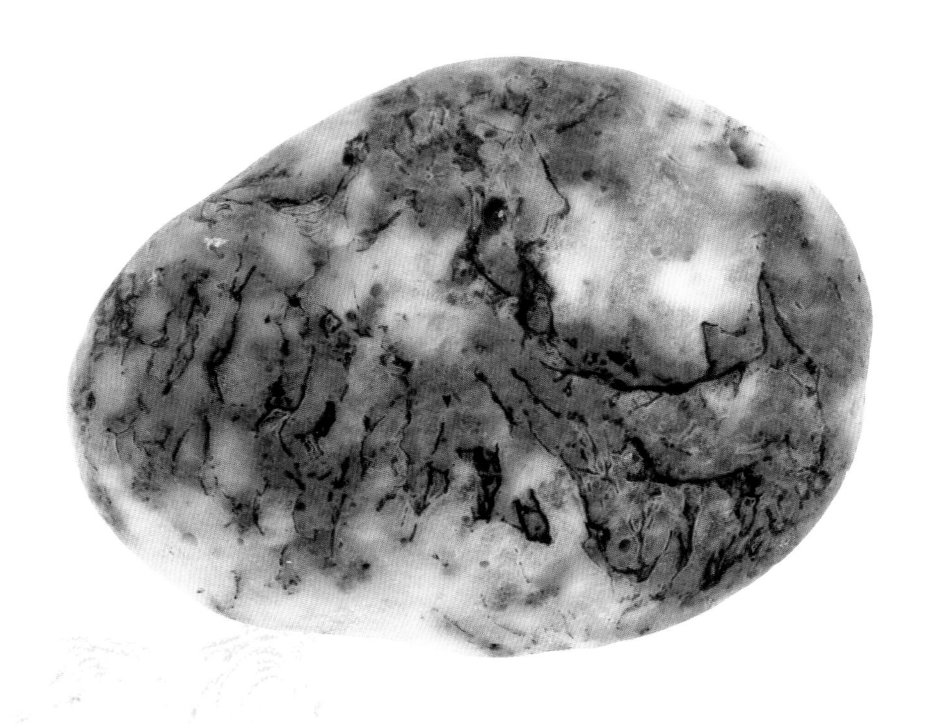

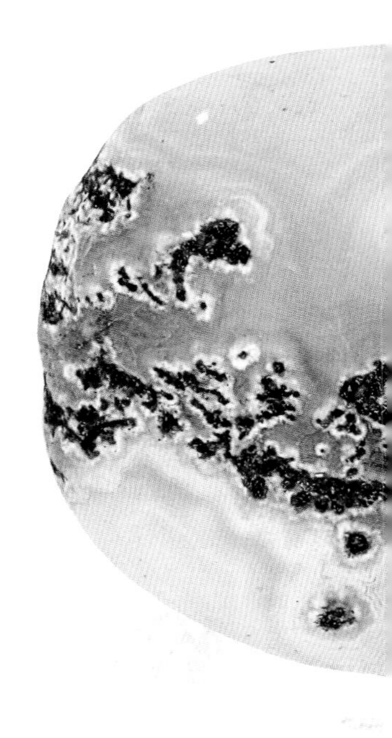

雪里红梅
6.3cmX5.1cm

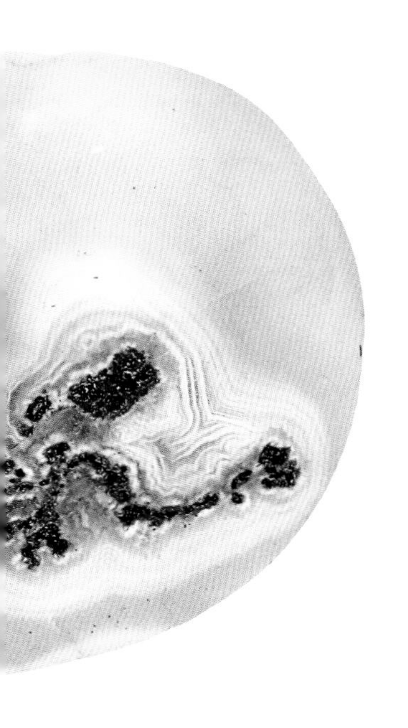

虬枝梅影
5.9cmX4.5cm

香雪梅
6.3cmX4.2cm

## 茶岭三章

茶园春早
6.5cmX5.3cm

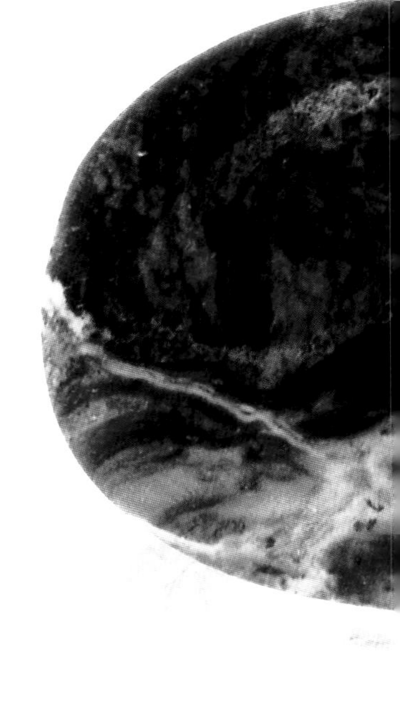

茶，
香叶，嫩芽。
慕诗客，爱僧家。
碾雕白玉，罗织红纱。
铫煎黄蕊色，碗转曲尘花。
夜后邀陪明月，晨前独对朝霞。
洗尽古今人不倦，将知醉后岂堪夸。

【唐】元稹

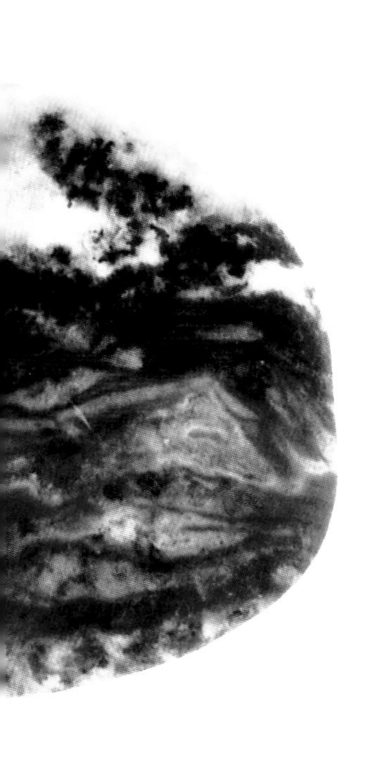

武夷山下采茶忙
4.4cmX3.3cm

茶岭澹月
4.7cmX3.9cm

## 吉祥三宝

日月星辰高照耀，皇王帝伯大铺舒。
几千百主出规制，数亿万年成楷模。
【宋】邵雍

白日依山尽
6.4cmX4.9cm

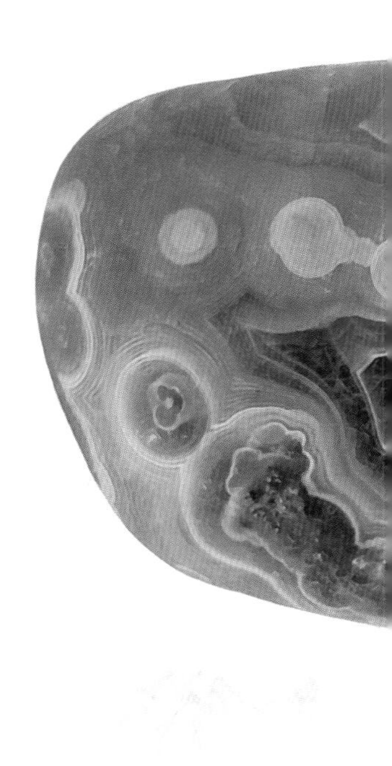

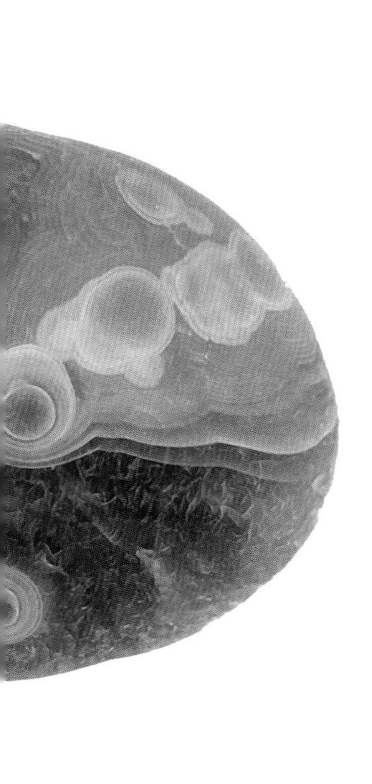

北斗星辰
6.7cmX6.5cm

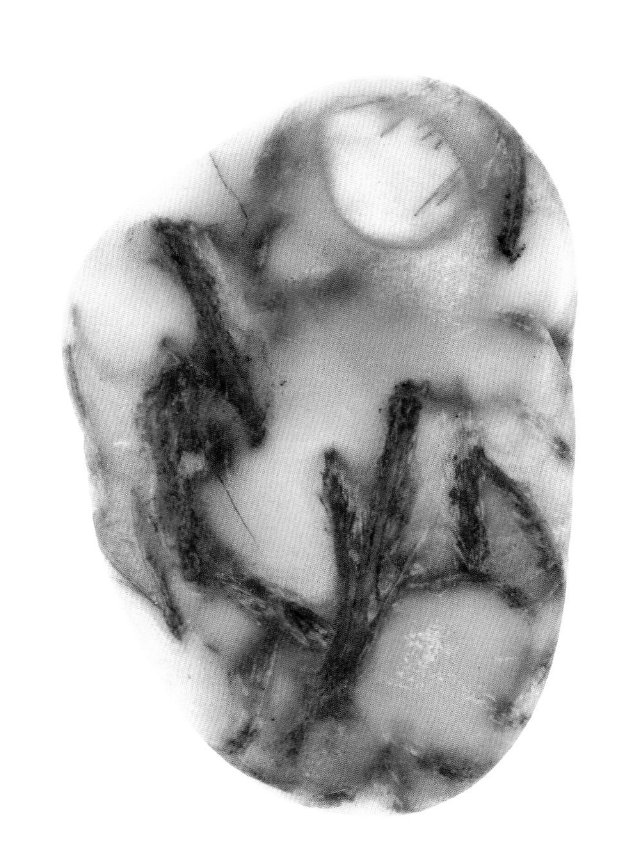

冷月无声
6.9cmX4.8cm

## 芳草四季

芳草地、芳草地，总是人生美好的眷恋，醉眠芳草，仰望蓝天，多想与白云对话。
选择芳草地，我选这些石子，它是美妍的集聚，我欲卧于斯，我欲醉于斯。

【现代】池澄

春

5.5cmX4.0cm

夏

5.9cmX4.7cm

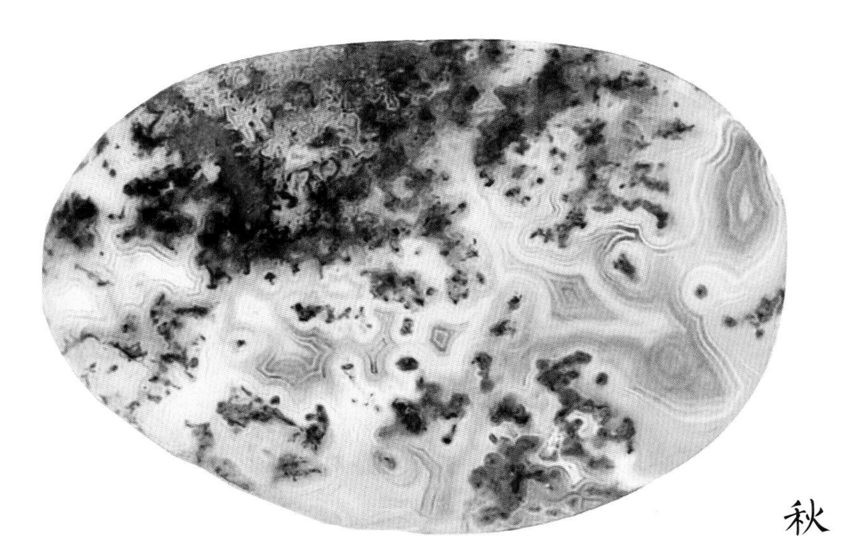

秋

6.5cmX4.5cm

冬

5.3cmX3.9cm

## 二月二，龙抬头

5.7cmX4.5cm

在白色的石头中间，盘踞着一条苍龙，它昂首的姿态，似传说中的龙抬头，将赴人间行云布雨。

龙抬头，即农历二月初二，是我国的传统节日，又被称为春耕节、农事节、春龙节。

“二月二，龙抬头”一说，依据的是气象规律。农历二月时，受季风气候影响，温度回升，雨水也逐渐增多，光、温、水条件满足农作物的生长。民间认为是“龙”的功劳，有“龙不抬头天不雨”之说。民间视龙为祥瑞之物，百姓们把二月二前一天，称为“潜龙在渊”；后一天，称为“见龙在田”。龙抬头了，一切都开始崭露头角。到了这天，它告诉人们，春天到来了。

民间趣传，武则天当了皇帝，惹怒了玉皇大帝，罚三年不准向人间下雨，于是大地干旱，民不聊生。掌管天河的玉龙于心不忍，偷偷地下了场雨。玉皇大怒，把玉龙贬下人间，压在大山之下受苦，并用石碑昭告天下：玉龙违反天规，除非金豆开花，否则永世不得重返天庭。

看到玉龙受苦，百姓都想办法解救玉龙。二月二这天，有人在晒豆子时，得到启发，把豆子放到锅中爆炒，就像金豆开花一样。大家纷纷效仿，并摆香案，把炒熟的豆子供起来。玉帝看到后，不得已只好传谕，诏回玉龙。玉龙腾空而起，频频点头，以感谢百姓的搭救之恩。玉龙回到天庭，继续为人间行云布雨。

从此以后，民间形成了习俗，每到二月二，家家户户晒玉米、爆黄豆。过此节时，民间有扶龙头、引青龙、剃龙头之举，同时还把食品加上“龙”字：吃水饺叫吃“龙耳”，吃喜饼叫吃“龙鳞”，吃面条叫吃“龙须”，吃饭叫吃“龙子”，吃馄饨叫吃“龙眼”。这天起床前，先念：“二月二，龙抬头，龙不抬头我抬头。”然后点灯照房梁，边照边念：“二月二，照房梁，蝎子蜈蚣无处藏。”同时，妇女不动针线，不洗衣服，怕伤了龙的眼睛和龙皮等。

写到这，本应搁笔结束了，但又想起唐代李商隐的一首诗，即《二月二日》，附录于后：

二月二日江上行，东风日暖闻吹笙。
花须柳眼各无赖，紫蝶黄蜂俱有情。
万里忆归元亮井，三年从事亚夫营。
新滩莫悟游人意，更作风檐夜雨声。

青龙布雨图
5.9cmX4.9cm

## 北冥有鱼

6.5cmX5.3cm

千年修道万年经。一鲲破北冥。
不是池中之物，其志要摘星。
鳞变羽，鳍展翅，化为鹏。
扶摇九万，碧霄浪漫，与谁交锋？
【现代】于炳战

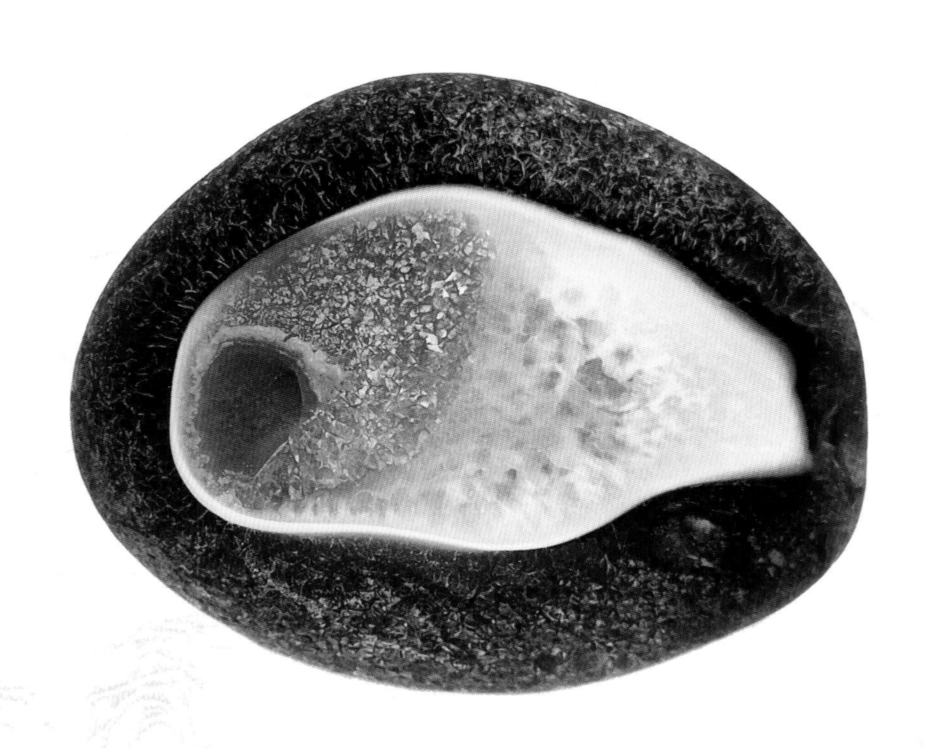

# 带球上篮，球进了

奇得头筹须正过，无令绰拨入邪门。

【宋】赵佶

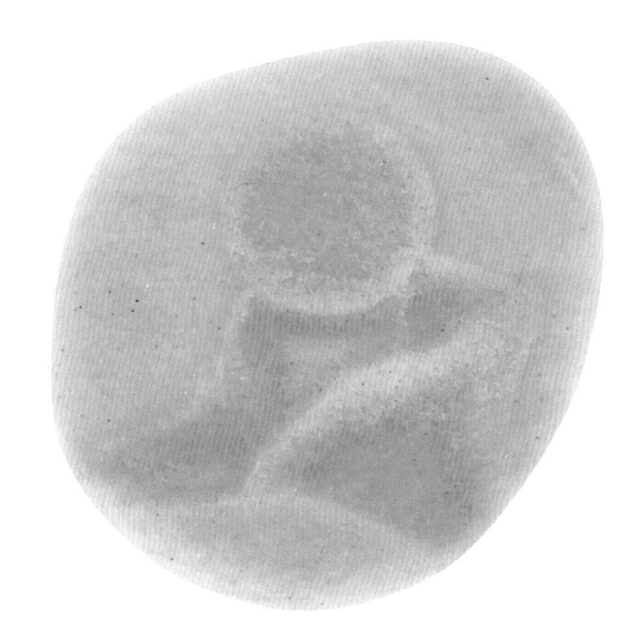

6.0cmX5.0cm

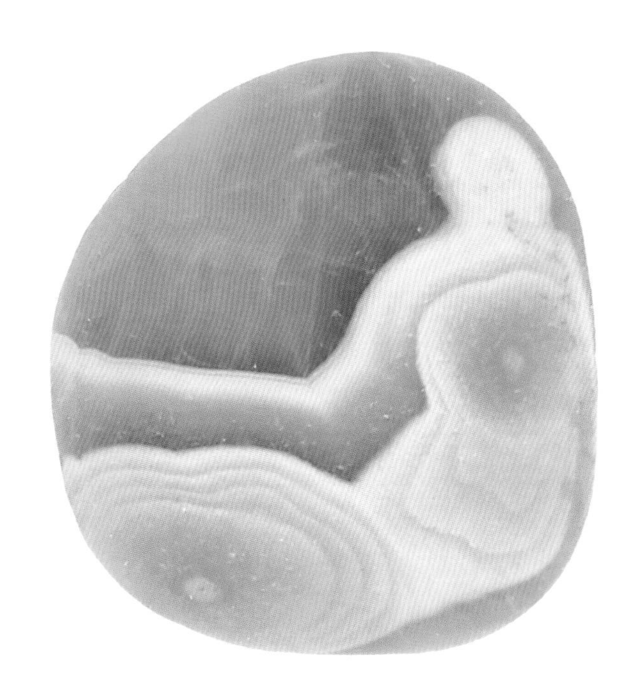

4.2cmX3.6cm

# 讀石筆記

## 第十章

# 花艳草幽

## 五朵金花

6.2cmX4.7cm

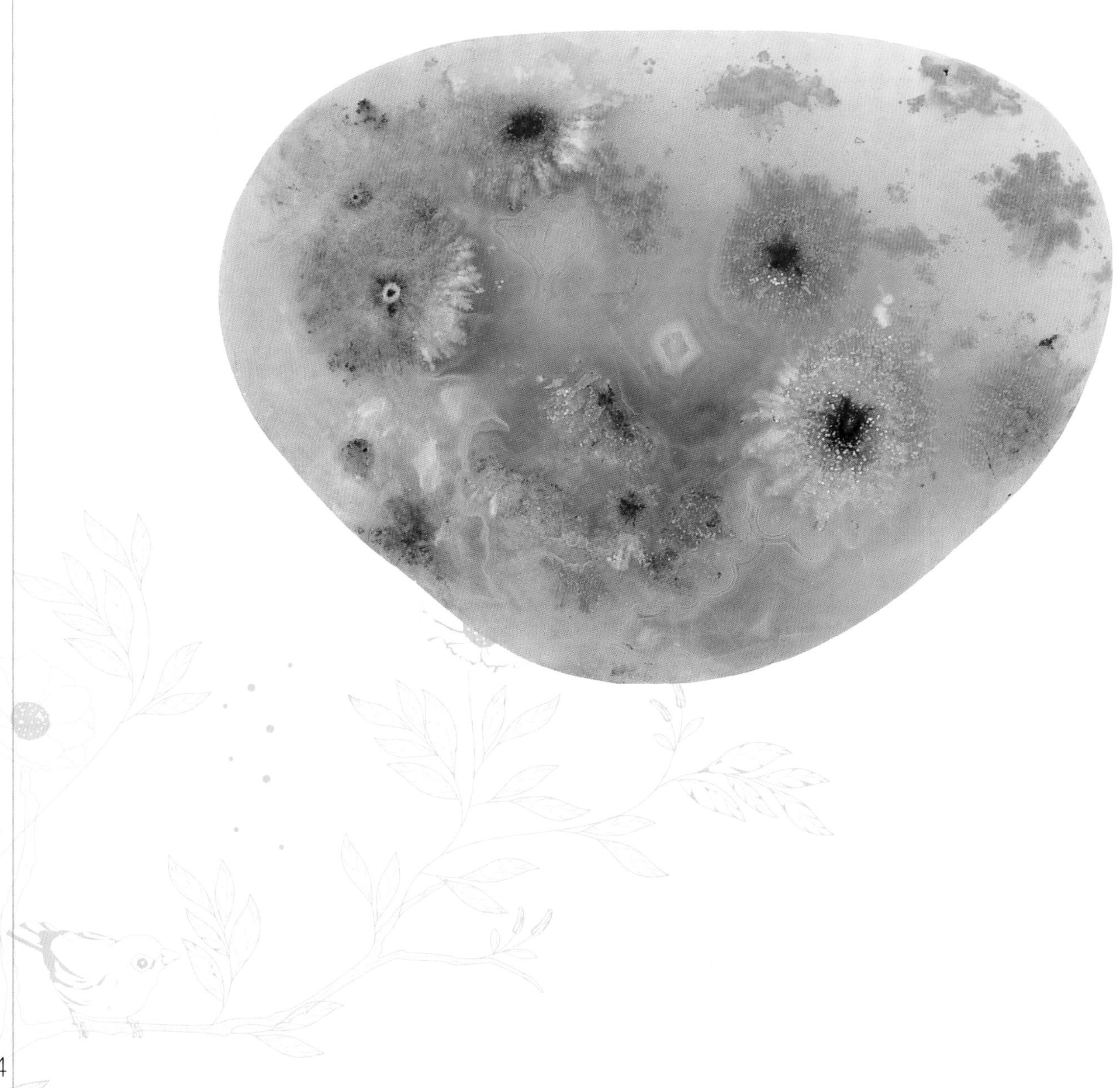

结缘雨花石后，我淘得的花卉类石头，成了较有特色的藏品。其中，“五朵金花”是诸多花卉石中最为精彩的代表石之一。

此石似黄玉的质地，靓丽明快的色彩，观之令人震撼。石上呈现几朵大小不等的花朵，还有散落的红叶，看上去像天女所散之花，飘落大地。此石淡黄的石质，红红的花，给人以暖洋洋的气氛，充满着生机和希望，形、色、意融为一体，美不胜收，人见人爱，十分难得。

“五朵金花”美石，使人有种百看不厌、入迷入痴之感。同样，自然界中的花，也是人们喜欢追捧的东西。当今，现代人在社会生活各个层面，诸如重大节日、会议活动、生日寿辰、结婚生子等场合都少不了花，故而养花、赏花、送花已成为当下的一种时尚。

俗话说，花开花落终有时，而雨花石上“五朵金花”都开放了数百万年，且红颜永驻，还要继续开放下去。不管是自然界的花，还是石头上的花，它们绽放的都是种心境。花一样的世界令人神往。静心一想，日日鲜花相伴，时时花香氤氲，这是多么美好的一件事情。想到这些，我们生活里的风风雨雨又能算得了什么呢？

## 拈花意趣

4.9cmX4.8cm

忽见三生旧影子，拈花已省梦中身。
【清】高凤翰

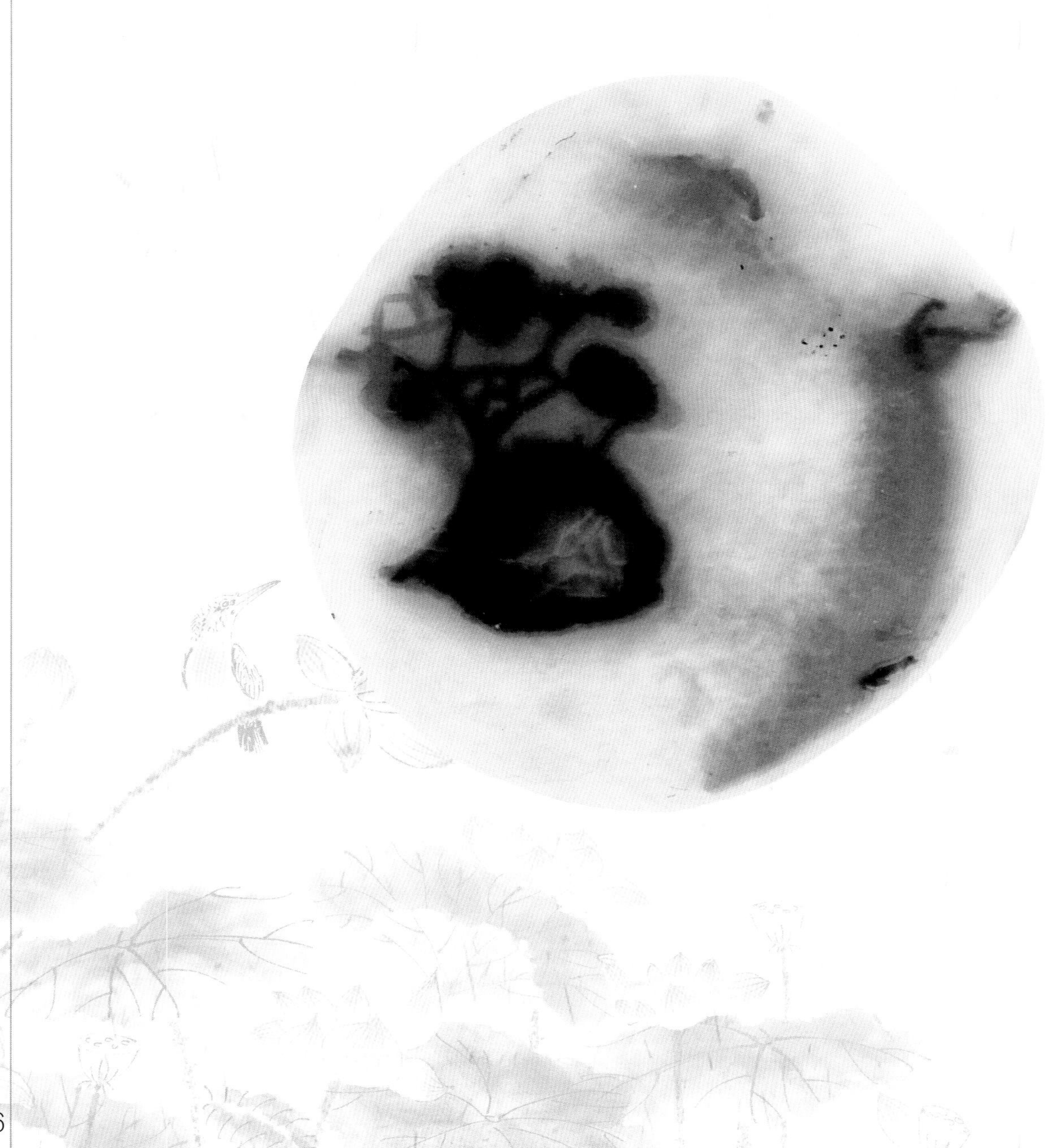

# 梅岭霞染

6.0cmX5.0cm

飘零到此成何事，结得梅花一笑缘。

【宋】戴复古

## 报春图

9.4cmX4.3cm

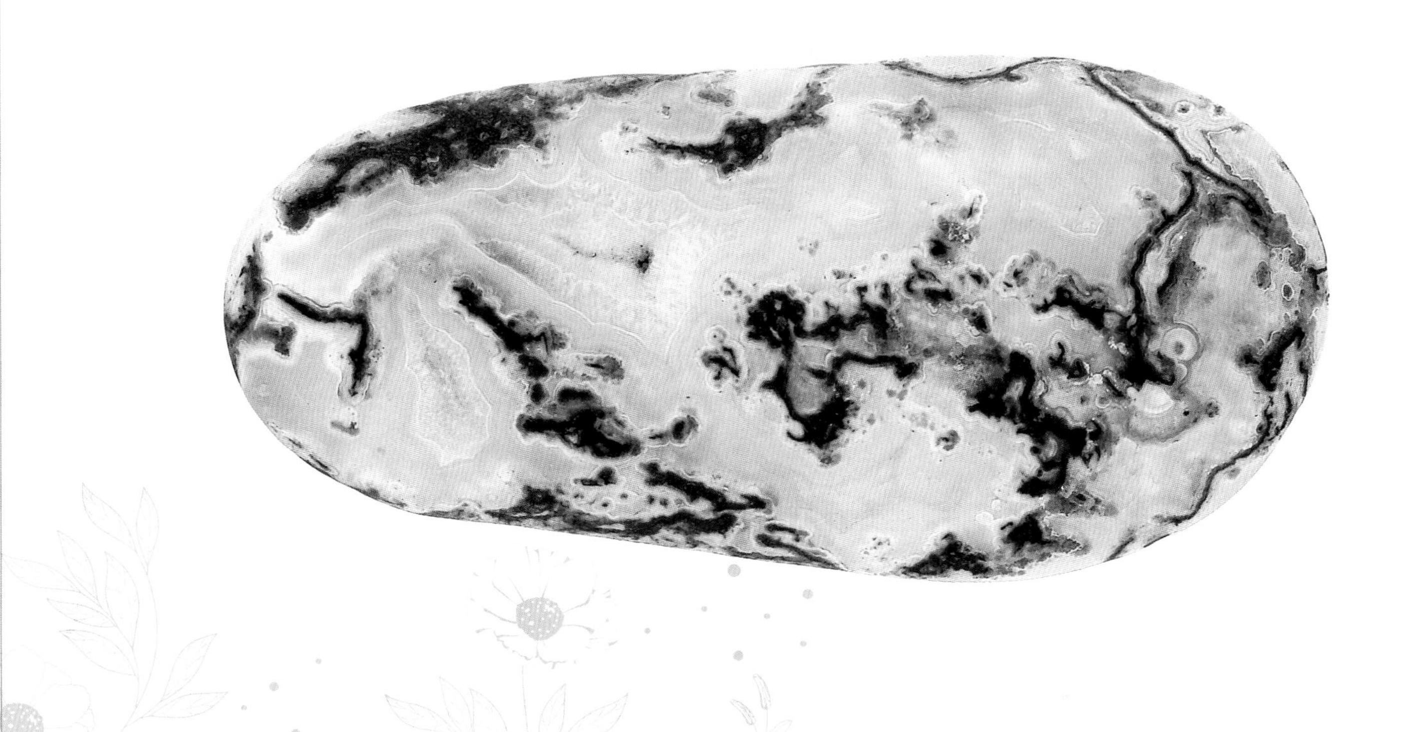

石上一簇簇迎霜破雪的梅蕊，傲寒绽放，站立枝头的喜鹊叽叽喳喳叫唤着，半空中还有一只鹰在遨游，俯瞰大地。这画面给人送来了春的信息。

有词云："烟姿玉骨，淡淡东风色，勾引春光一半出。"正道出了石头蕴含的妙处。

梅花凌霜傲雪，凛然开放，冰清玉洁，被视为高风亮节之楷模。古往今来，多少文人墨客为之吟诗、作赋、写谱、立传、绘画；更有无数仁人志士托梅喻志，抒发自己的抱负。"疏影横斜水清浅，暗香浮动月黄昏"，写梅之风韵，清幽而见雅逸；"雪满山中高士卧，月明林下美人来"，状梅之体态，姿色皆具风采；"冰姿不怕雪霜侵""凌厉冰霜节愈坚"，赞梅之品格，坚贞不屈，令人顿生敬意；"万花敢向雪中开，一树独先天下春"，赞梅之精神。

由梅配植而成的梅园、梅林、梅峰、梅径、梅溪，将中华大地点缀得如诗似画，勾人游思。被石界称为"雨花诗人"的吴家林先生，赏鉴此石后赐诗一首，诗曰："雪霁风清鹰飞来，一树红梅含笑开。犹喜冰天寒彻骨，不等春风舞徘徊。"

红梅花开

3.4cmX3.0cm

## 杜鹃花开映山红

7.6cmX6.5cm

何须名苑看春风，一路山花不负侬。
日日锦江呈锦样，清溪倒照映山红。
【宋】杨万里

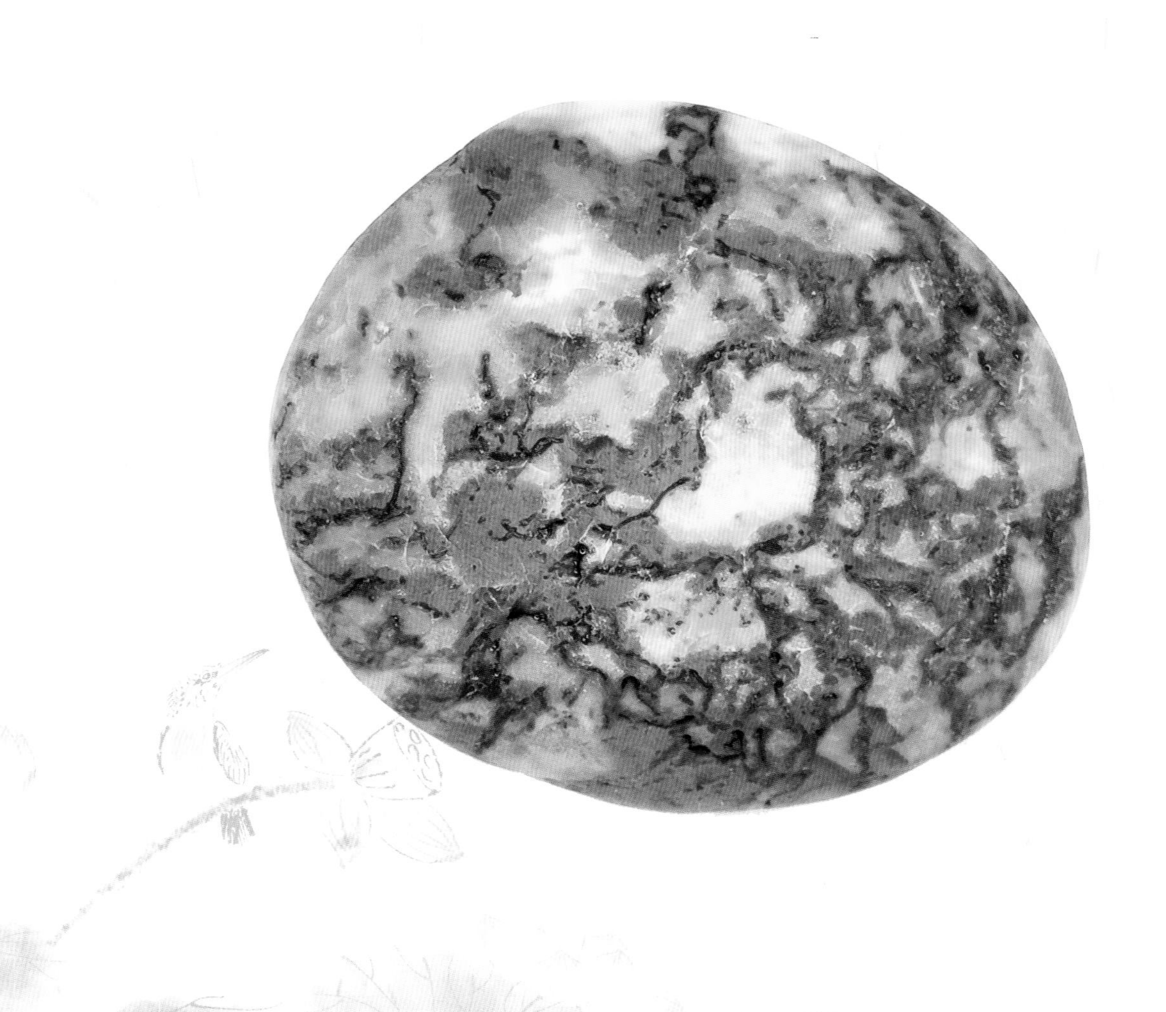

# 枫林晚景惹人醉

5.3cmX4.3cm

停车坐爱枫林晚，霜叶红于二月花。

【唐】杜牧

## 残荷图

6.8cmX4.0cm

深秋时节，荷塘里已失去了往日花团锦簇的喧嚣，开始变得衰败萧疏、支离破碎。曾经浓绿欲滴的荷叶，现在已是微黄卷曲，枯萎漂浮在水面上。不过，那些日渐凋零的荷花，似乎意犹未尽，其中的一枝仍然保持着一份迟暮的嫣红，在微风中无言挺立，给人以无穷的遐想与追忆。此时，它虽然没有了“映日荷花别样红”的绚丽，但是花瓣的纹理还是那样的清晰，色彩依然那样艳丽，似乎对生命的坚守还支撑着那最后的顽强，那不忍谢去的美丽，生生地增添几分娇艳。

我喜欢荷花，更喜欢这枚残荷石头，它的画面极具意韵，让我仿佛听到了秋的声音，读懂了荷的心事，也仿佛明白了自己的心语，一种发自生命深处的感慨油然而生。四时的变化，日月的轮回，生命的流逝，人生的浮沉，是那样的不可逆转。面对满池残荷，品味铮铮傲骨，心中多了一份淡然。世事如梦，人生如戏，但愿在历尽浮华的萧索里，能坦然面对荣枯，处变不惊；在世事纷杂的尘世中，能保存心灵的豁达与宁静；在生命的守望与历练中，能更加成熟和坚毅。“不以物喜，不以己悲”，抛弃一切烦恼，让生命回归平静。

为此石定名“残荷图”，意在表达对荷的精神的敬仰。我曾在秋冬去荷花塘边观看，找寻到与此石画面类似的残荷佐证。有位诗人在观赏此石后，还专门题词一首为它注解：“醉眼理红妆，晓月流霜，紫烟霾炷罩回塘。酒洒瑶池浑似梦，冷醒吴江。浓晖浥波光，顾影清狂。青蓑丝雨画船凉，欲嫁浩娃鸳鸯浦，细草垂杨。”

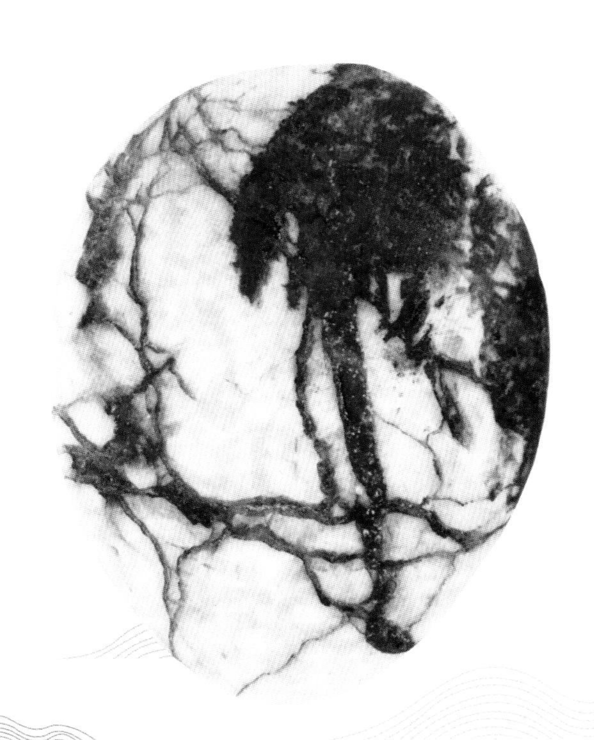

残荷傲雪

6.0cmX4.9cm

## 十月秋声

7.5cmX5.9cm

西风吹叶满湖边，初换秋衣独慨然。
【宋】陆游

## 墨梅

7.6cmX4.9cm

吾家洗砚池边树，朵朵花开淡墨痕。

【元】王冕

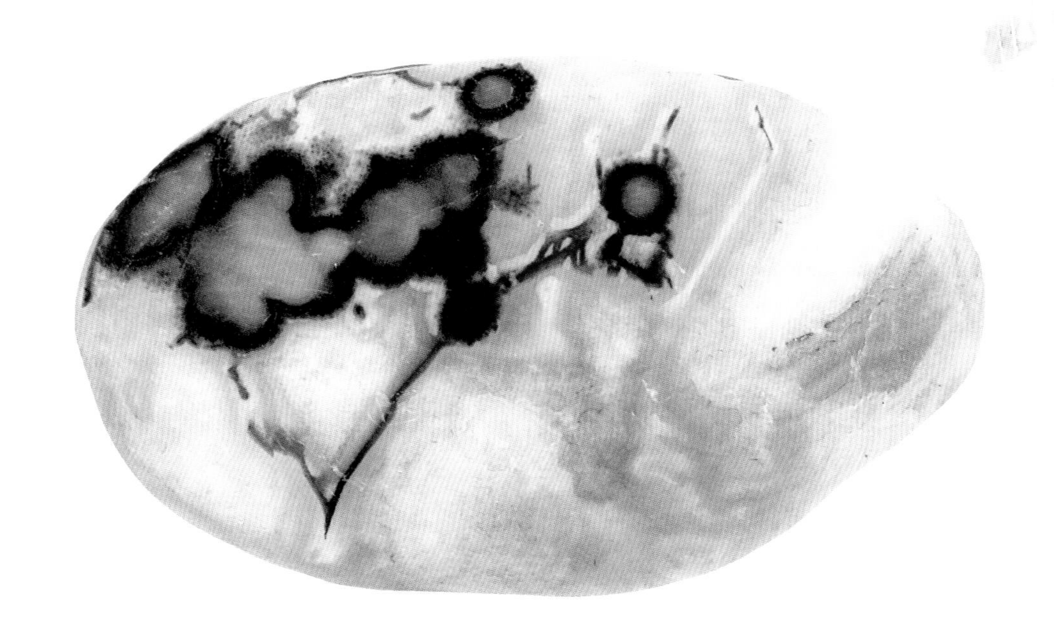

## 桂子飘香

6.1cmX4.1cm

桂子月中落，天香云外飘。
【唐】宋之问

## 苦菜花

6.3cmX5.7cm

金钱满地空心草，紫绮漫郊苦菜花。

【宋】赵蕃

## 国色天香

4.5cmX3.3cm

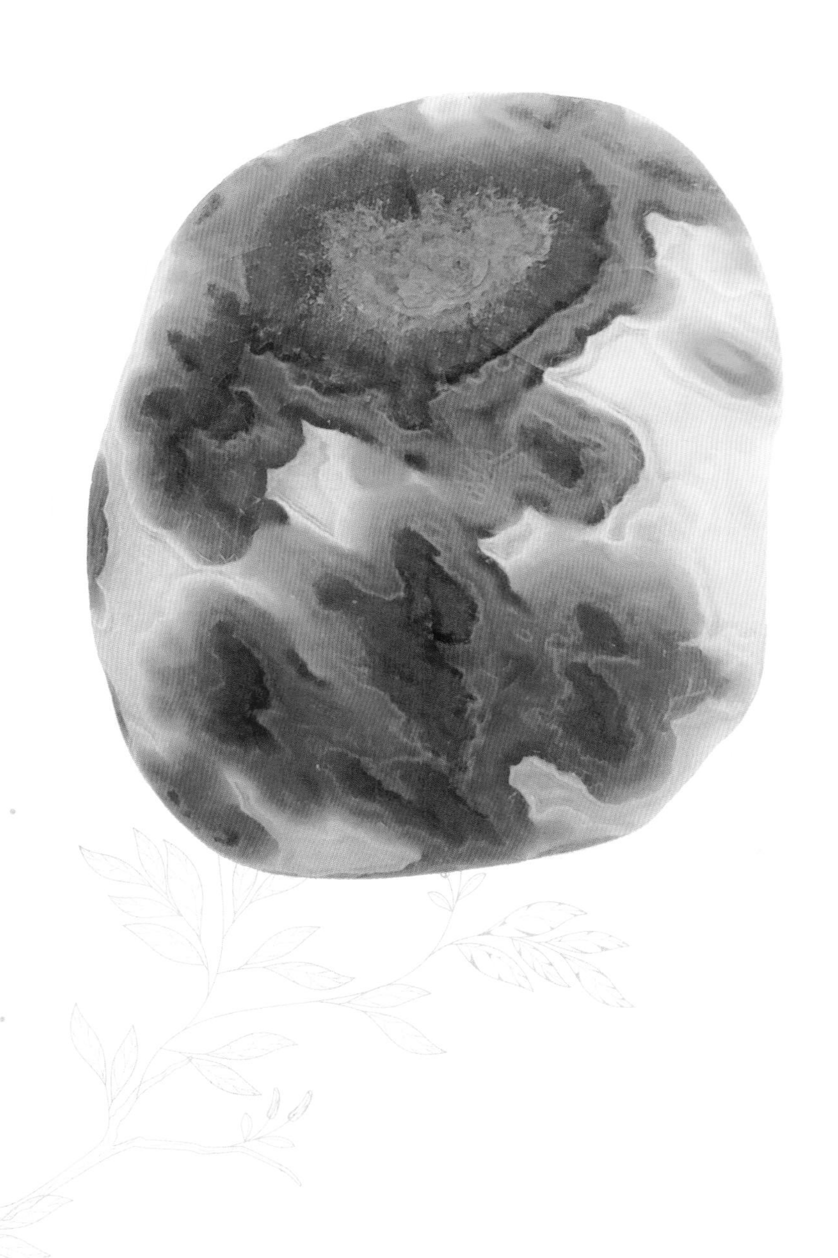

20世纪80年代，蒋大为的一首《牡丹之歌》唱响了祖国的大江南北，那优美的旋律和富有诗意的歌词，给我留下了深刻的印象。

说起牡丹，无人不知无人不晓，早在唐代它即有国色天香之誉，“花中之王”的美称。在民间，牡丹被视为富裕、幸福、美好之象征。牡丹之所以能香染千古，名传百代，不仅由于它花大色丽，姿态万千，而且还有许多神奇美妙的故事传颂。

相传，在唐长安沉香亭前，有一奇异的牡丹品种，开花时，花朵早上呈深绿色，傍晚变为深黄，夜里则为粉白。唐玄宗看后非常惊奇，认为是花之妖。宋时，最有名的品种“姚黄”和“魏紫”分别被称为花王和花后。说起这两种花，其故事更为有趣。相传洛阳城北的邙山，有一个清泉池，池边长着一棵紫色牡丹。邙山脚下有个诚实善良的打柴青年叫黄郎，他每天上山打柴路过泉边，总是捧点清水浇在牡丹根上，亲热地说一声：“牡丹姐，喝口水吧。”然后再上山打柴。

说来奇怪，有一年的中秋夜，一位穿着紫色花衣的美丽姑娘，姗姗来到黄家，送给打柴青年一床绣有牡丹花的被子和一条漂亮的手巾，感激地说：“承蒙大哥日日关照，今日小女子特来表示一点心意。”青年正要问她是谁家女子，为何厚礼相赠，忽然姑娘不见了。青年忙打开手巾一看，里面藏着一颗宝珠和一首墨迹未干的诗：“家住邙山名紫姑，此乃双色定情珠。望哥口中噙百日，恩爱鸳鸯永不疏。”后来几经周折，那位花中仙子返回人间，他俩终于成为眷属。

我不知是被这些故事所吸引，还是被牡丹的性格所感染，在花卉中唯对牡丹最倾心。闲来无事，在自家的小院里栽种了一盆牡丹，花遂人愿，每年总能开上三五朵红彤彤的大花来，我全家老少都很喜爱。

说来也怪，花缘又给我带来了石缘。有一天，石商刘某到我家来串门，看我在院中端水浇花，他也被盆中牡丹吸引住了，觉得牡丹花好看极了。闲聊中，他说：“前几天，几个石农送了些石头来，其中有块石头像盆中盛开的牡丹，有时间过去看看。”刘某的话，说得我心里痒痒的，当即放下手中的活，随刘某去看石头。

刘某家住在市政府后面的居民楼里，离我家不远，骑车一会儿工夫就到了。刘某把几枚雨花石放在水中，那枚石头很快进入我的眼帘，走近一看确是一朵活脱脱“牡丹花”。此石玛瑙质地，扁平规整，无疤无瑕。石上由四种颜色搭配而成，锈红色中呈现出一朵茁壮生长的花，墨迹般的点线勾画出花的主干、枝叶经络。顶端有一硕大的红花，金黄色的花蕊点缀其上，白底色衬托得此花更加红艳无比。我在把玩此石时，问刘某出手价格，刘某开出当下通行的价，我二话未说付了款，拿着石头骑上车，哼着《牡丹之歌》往家走去！

花盆中的牡丹花开花落终有时，但雨花石上的牡丹花含情绽放，经久不衰，同时把玩起来省时省力省心，有意想不到的艺术魅力与效果。牡丹是我国的十大名花之一，亦被认定为“国花”。谷雨三春时节，得到牡丹妙石，仿佛心中盛开了一朵永不凋谢的大红花，令我神清气爽、心旷神怡。

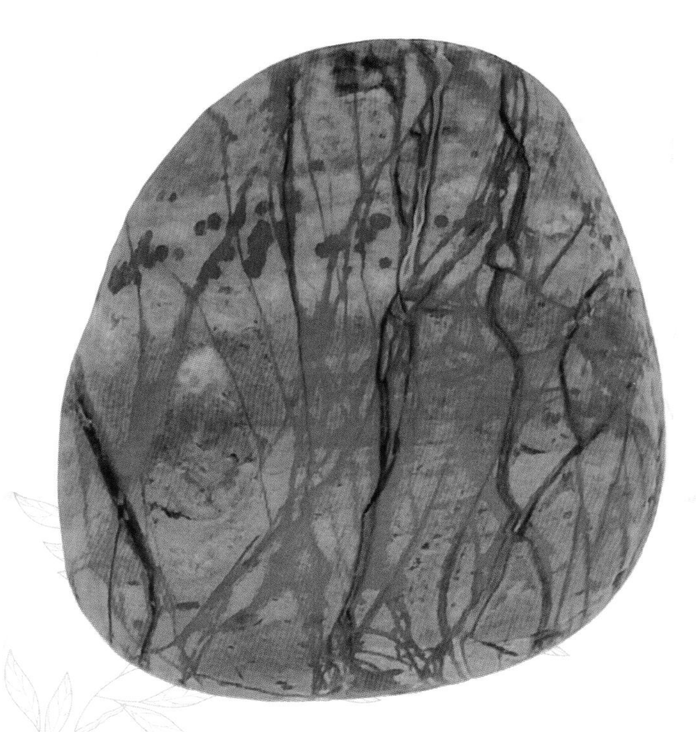

藤蔓舞秋

4.2cmX3.8cm

## 锦上添花

6.5cmX4.3cm

嘉招欲覆杯中渌，丽唱仍添锦上花。

【宋】王安石

## 摇钱树

6.6cmX6.6cm

金叶银枝堂上柯，悬钱累累并嘉禾。
岂唯铜板摇财富，还寓生民繁衍多。
【现代】王成柱

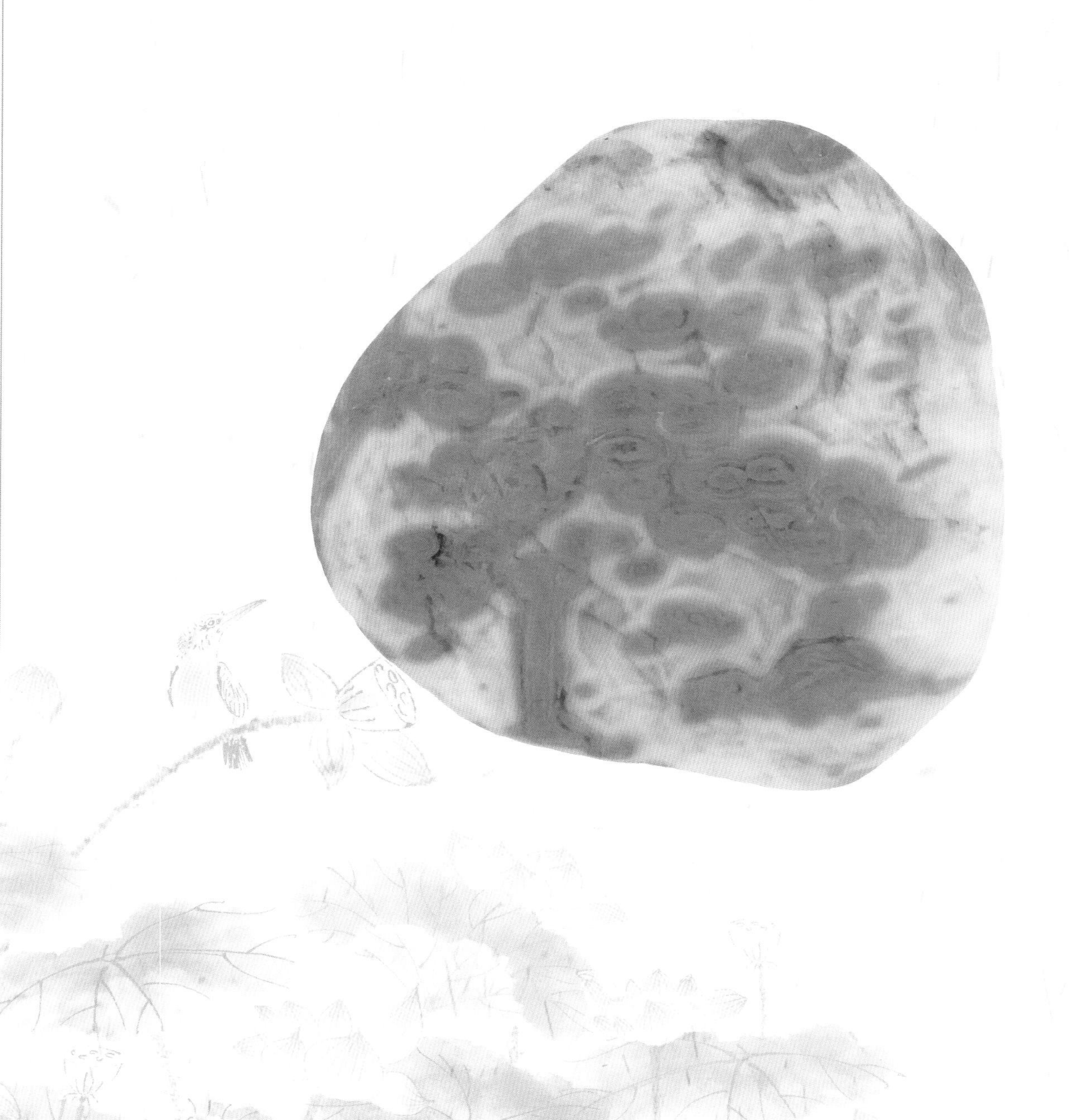

## 一枝独秀

5.2cmX4.7cm

万木冻欲折，孤根暖独回。
前村深雪里，昨夜一枝开。
【唐】齐己

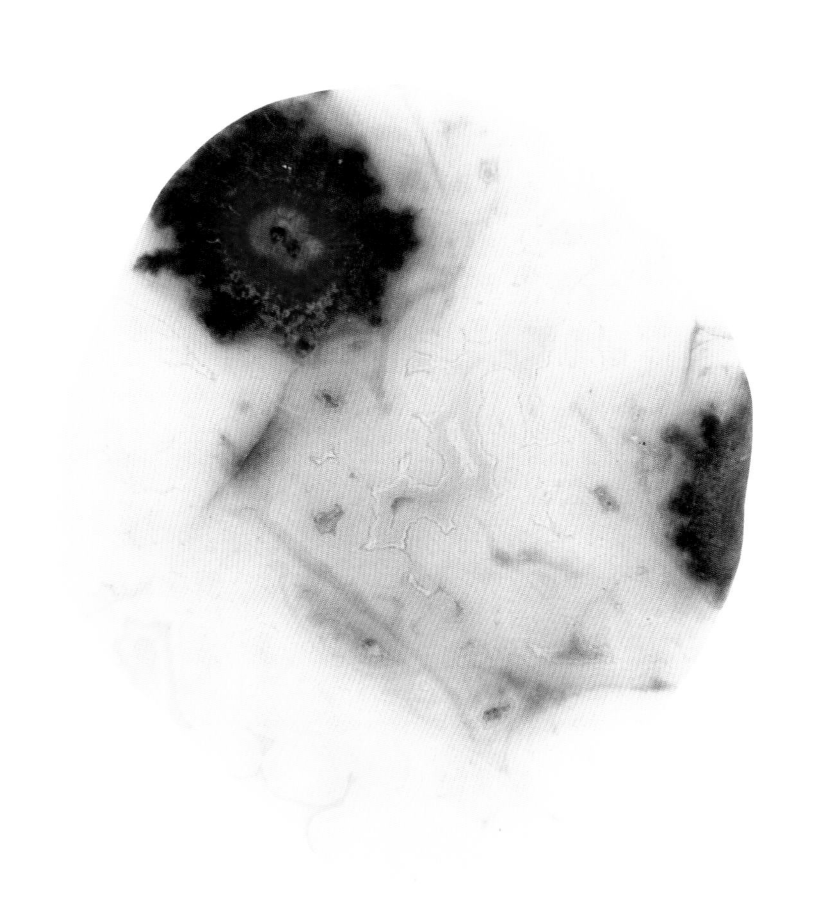

## 彼岸花

5.9cmX4.3cm

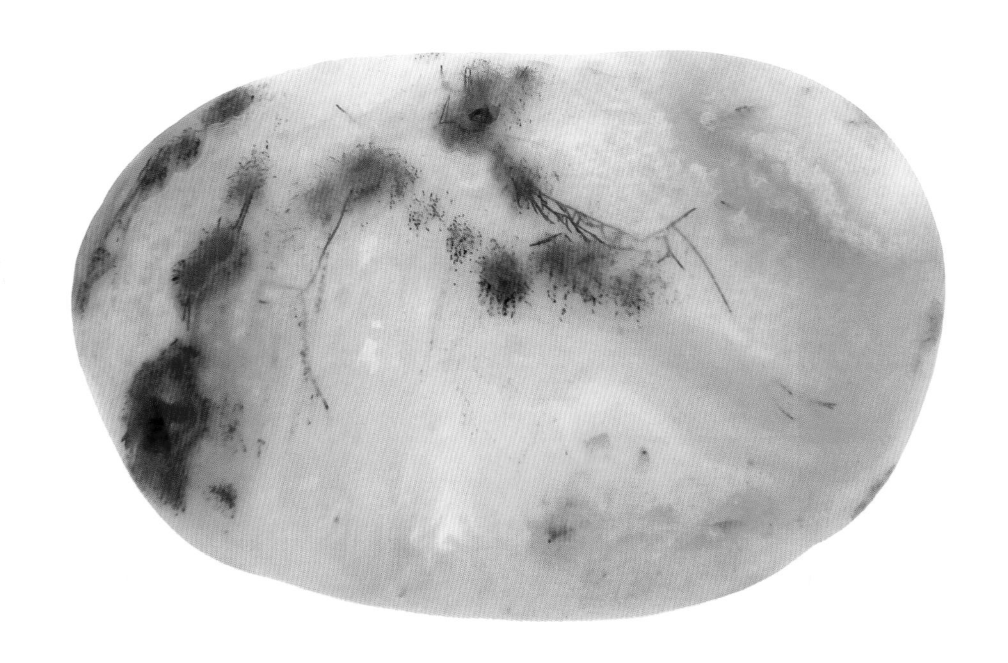

有人看过这石头上的花，并为它取名“彼岸花”。开始，我对此花不甚了解，出于好奇之心，上网一搜，却让我吃了一惊：原来它是有名的曼珠沙华。

在民间传说中，此花是开在奈河桥下、忘川对岸的孤寂伤感之花。在通向阴间冥界的黄泉路上，它是唯一的色彩和风景。人们走向那幽暗的不归之路，看到的只有无边的如血猩红的彼岸花。

生死轮回，是人的宿命；生物兴衰，是自然的法则。我们对于无情流逝的时间和人生，多少会有留恋和惆怅，像梦一样的虚幻，像雾一样的飘渺。人间多少难遂心愿的苦痛，就像这花叶永不相见的无奈情思。

## 桃花依旧

6.2cmX5.3cm

人间四月芳菲尽，山寺桃花始盛开。
长恨春归无觅处，不知转入此中来。

【唐】白居易

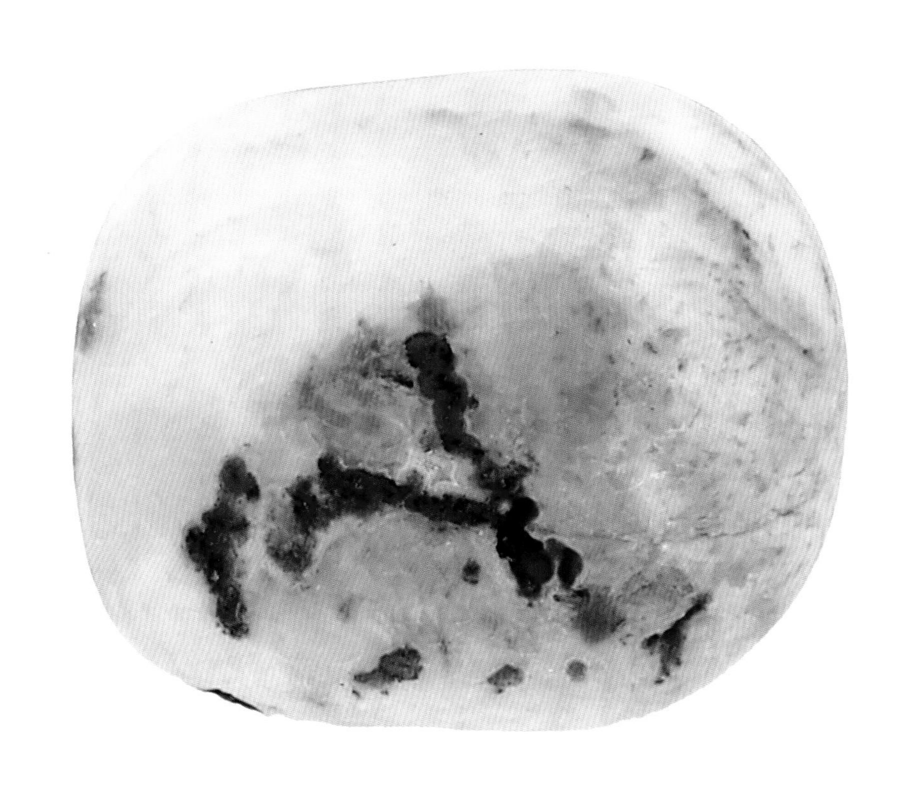

## 江滩芦花

9.2cmX4.0cm

夹岸复连沙，枝枝摇浪花。
月明浑似雪，无处认渔家。
【唐】雍裕之

# 冰姿玉骨

8.5cmX8.1cm

玉骨那愁瘴雾，冰姿自有仙风。
【宋】苏轼

## 金镶玉竹

6.1cmX4.5cm

我喜爱竹子，更喜爱雨花石上自然生成的竹子。

江苏所产的金镶玉竹为竹中珍品，竹茎金黄，在竹节生叶之处生成青色浅槽，乍一望去如根根金条嵌入微微淡玉，清雅可人，所以被称为“金镶碧嵌竹”。

这枚石画面如上所述：一株株枝干金黄的竹子，亭亭玉立，婆娑有致，清秀素洁，在灰白玛瑙底色的衬托下，色泽金碧交辉，十分美丽。此石叫“金镶玉竹”。

竹“值霜雪而不凋，历四时而常茂”，与松、梅并称“岁寒三友”，又与梅、兰、菊一起荣膺“四君子”的称号，是中国人崇尚气节、道德和进取精神的物象，植之，爱之，书之，画之，“何可一日无此君”？郑板桥有诗云：“咬定青山不放松，立根原在破岩中。千磨万击还坚劲，任尔东西南北风！”

白居易的《养竹记》讲得最为详细：“竹似

贤，何哉？竹本固，固以树德，君子见其本，则思善建不拔者。竹性直，直以立身，君子见其性，则思中立不倚者。竹心空，空以体道，君子见其心，则思应用虚受者。竹节贞，贞以立志，君子见其节，则思砥砺名行，夷险一致者。”竹的高洁品行使文人贤士乐于与之同居，以至于“宁可食无肉，不可居无竹”。

我爱竹，尤其珍爱这枚“金镶玉竹”的雨花石。夜深人静，把玩此石，不论月色晴晦，竹石都会给我温存的安抚。我爱竹，爱它那份凝碧，爱它那份空灵，爱它那份朴真。与它同在，便会多一份自然，少一些修饰；多一份清静恬适，少一些现代文明带来的紧张恐慌。劳累了，静下来，赏竹石，先是静静地听月，然后静静地听竹，再后来便可以听到自己的心声了。

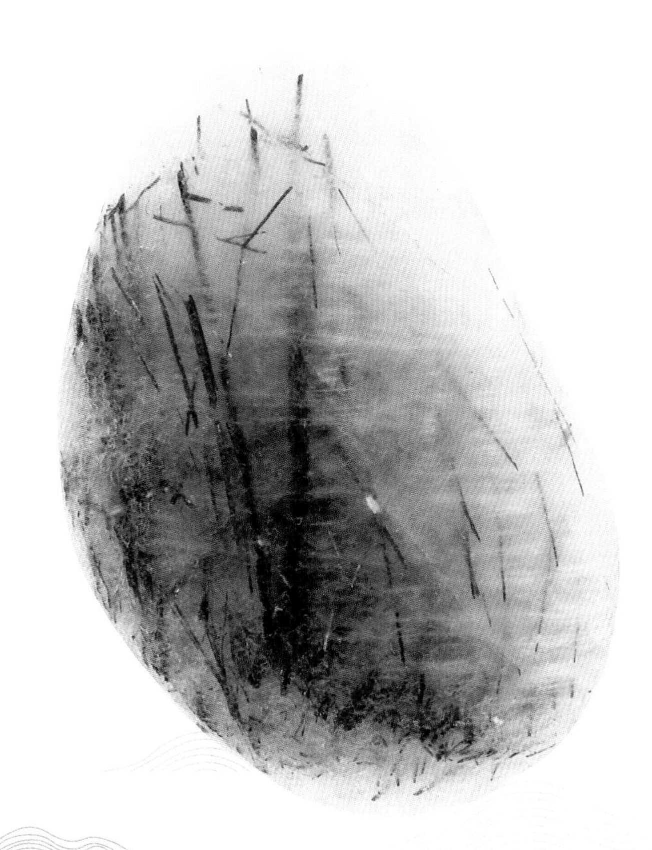

雾竹

5.7cmX3.9cm

## 天山雪莲

5.5cmX3.9cm

烟飞露滴玉池空，雪莲蘸影摇秋风。

【宋】释怀悟

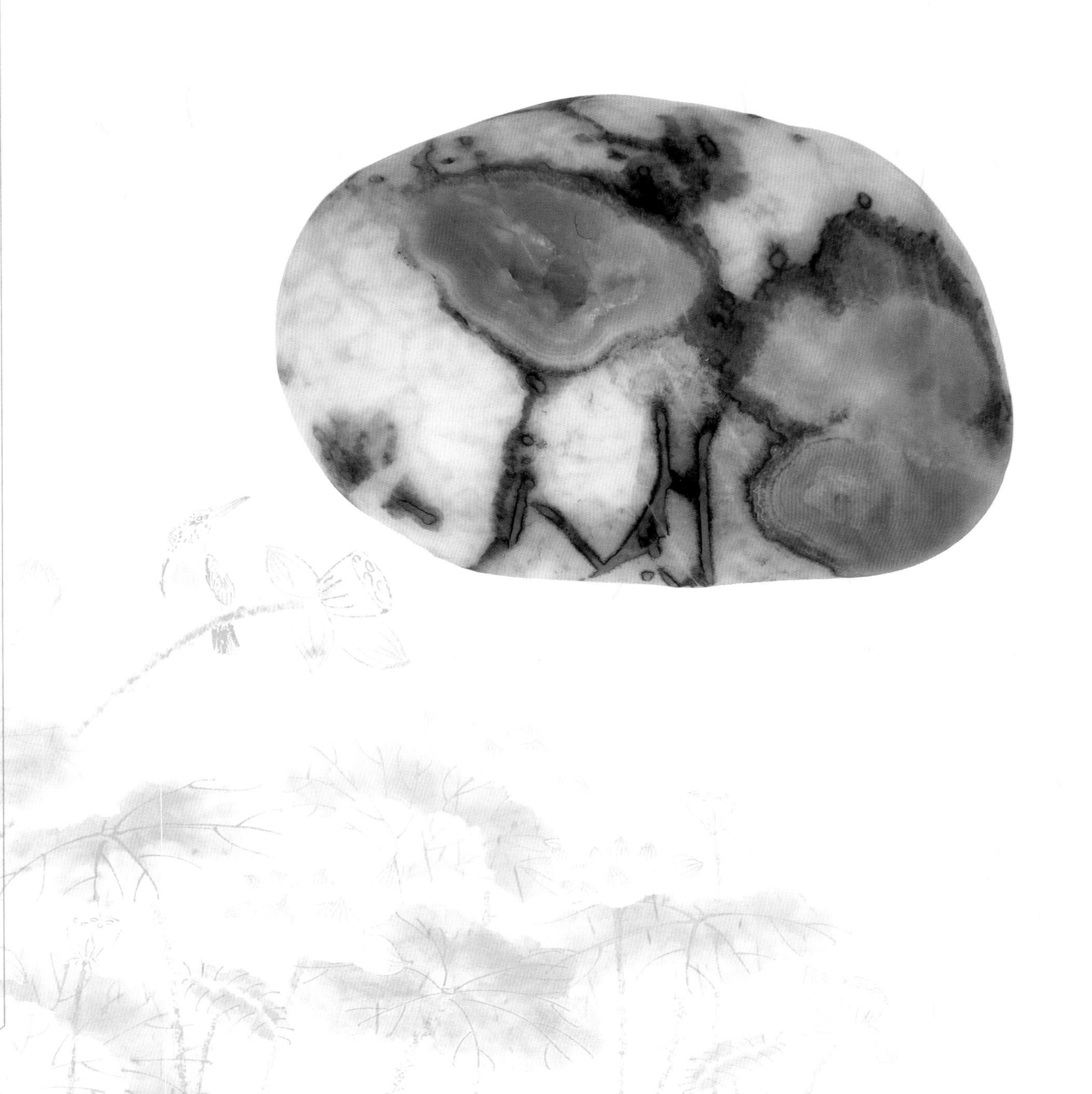

## 野菊芬芳

5.7cmX3.5cm

政缘在野有幽色，肯为无人减妙香。

【宋】杨万里

## 枫叶红透了

5.6cmX4.6cm

又是一年深秋时，又到一年赏枫季。

季节赏景，受气候、地理等自然因素制约，可雨花石却能让我们赏一年四季之景。这不，最近我在朋友圈晒出一枚应时雨花石“枫叶红透了”，引来众多石友点赞留言。

该石玛瑙质地，椭圆形，板型端正，石面主

体浸润着玫瑰红，较好留出了玻璃种的白。细看玫瑰红，由外及内浸润到石中，一团团、一簇簇透出三维立体画面感，胜于平铺表面的画色。

只见石中的枫林，临近湿地，经过夏的高温，在深秋时节换上迷人的红装，满树的枫叶层层叠叠，红得耀眼，红得炽烈，在清泉的浸润下更显艳丽。让观者想到“停车坐爱枫林晚，霜叶红于二月花”的诗句，也有“枫香晚华静，锦水南山影”的感觉。火红火红的枫林，成为一道亮丽的风景渲染了秋天，我的心情也变得“炽烈”起来。

枫叶终会在冬天来临前选择离开，飘离与它共患难的枫树，但这枚雨花石“枫叶红透了”却红在一年四季，让我们随时可以赏枫。

不败之花，不朽之画！

**出水芙蓉**

4.2cmX4.0cm

芙蓉初出水，菡萏露中花。

【唐】陆长源

## 葡萄与雏鸡图

5.6cmX5.3cm

葡萄，新疆吐鲁番的最好。有首歌名叫《吐鲁番的葡萄熟了》，它歌词美、旋律美、意境美，画面感极强，一下子就把我的思绪带入大美新疆独特的画卷之中……

2005年9月，正值吐鲁番葡萄熟了的时节，我来到了吐鲁番。吐鲁番素以炎热、干旱、风大而著称，然而就在这极端干旱的地方，就在火焰山的附近，便是大片葡萄园，便是一片片绿色的海洋。声名远扬的葡萄沟，就在火焰山附近的一条沟里。走进葡萄沟，才让人真正感受到什么叫做葡萄的世界、葡萄的海洋。穿行在一望无边的葡萄架下，前后左右四面八方全都是葡萄。一串串品种各异的葡萄就在我们的头顶上方垂挂着，让人触手可及，一不小心就会碰到头上。

说起葡萄沟，不能不提及人民音乐家王洛宾先生。他是“西部歌王”。在王洛宾音乐艺术馆里不停地播放着《在那遥远的地方》《达坂城的姑娘》等人们耳熟能详的经典曲目。他一生写了七部歌剧，收集并整理、创作了1000多首歌曲。正是有了他和他的这些歌曲，吐鲁番、新疆、大西北才更加有魅力，这里的人民生活才更加有情趣，葡萄沟才更加美丽。

回到石头上，其画面再现了吐鲁番葡萄沟人民的生活场景。你看，在火焰山附近的一条沟里，葡萄架上的藤蔓、簇生的枝叶，外加一只口福满满的雏鸡，自然勾勒出一幅灵动的生活画面，所谓无言的诗，无墨的画，指的就是它吧？如此美石，让我情不自禁哼起了歌曲《吐鲁番的葡萄熟了》，歌词富有诗情画意，最能表达人的心声，它不仅让“阿娜尔罕”们的心儿醉了，同时让我的心儿也醉了。

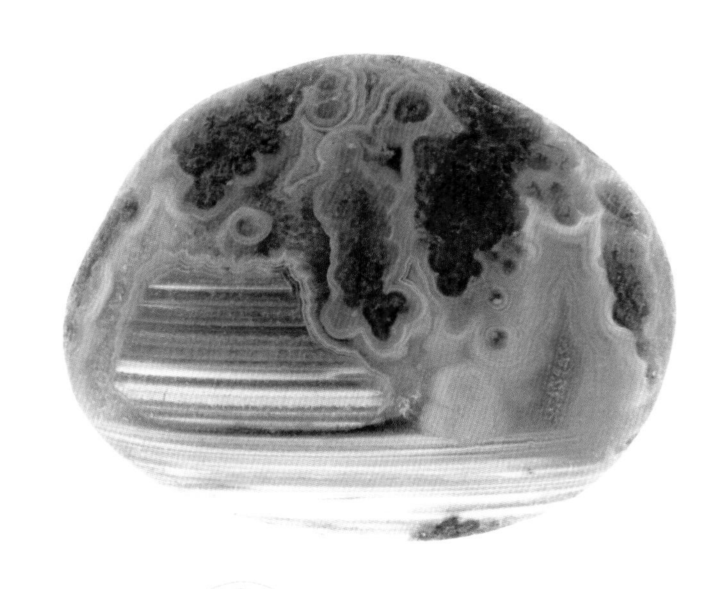

吐鲁番的葡萄熟了
6.0cmX4.5cm

## 秋艳图

5.8cmX4.2cm

秋入云山，物情潇洒。百般景物堪图画。
【宋】张抡

# 幽谷兰香

5.7cmX4.6cm

种兰幽谷底，四远闻馨香。
春风长养深，枝叶趁人长。
【唐】陈陶

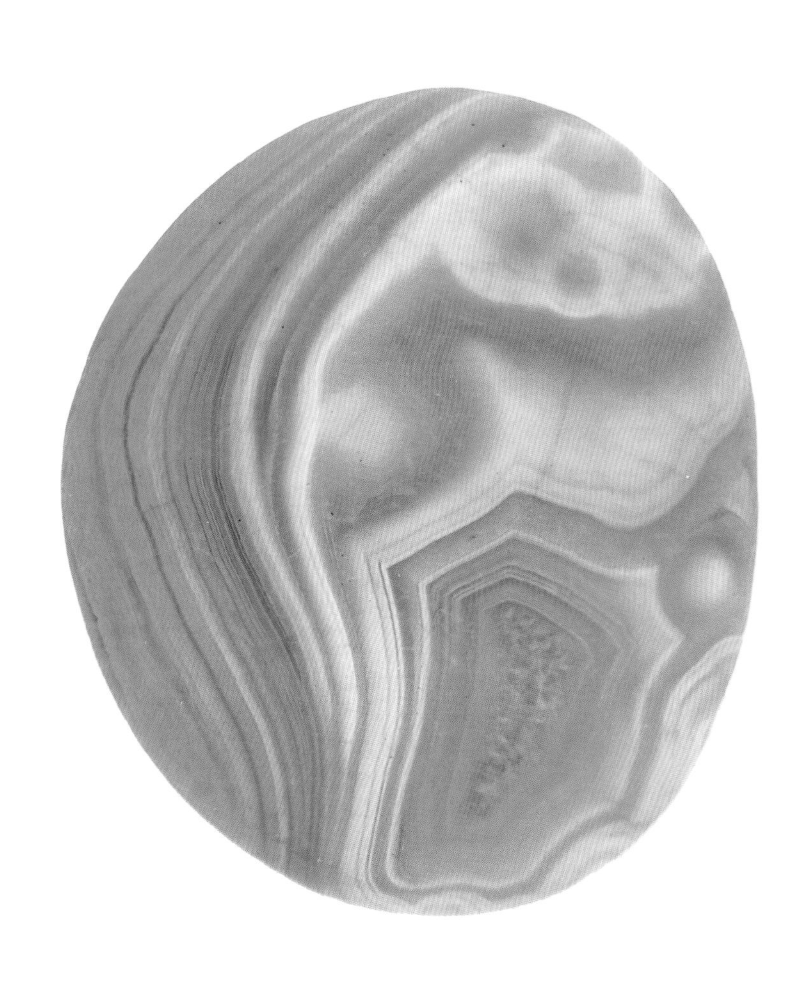

## 火棘

5.0cmX3.5cm

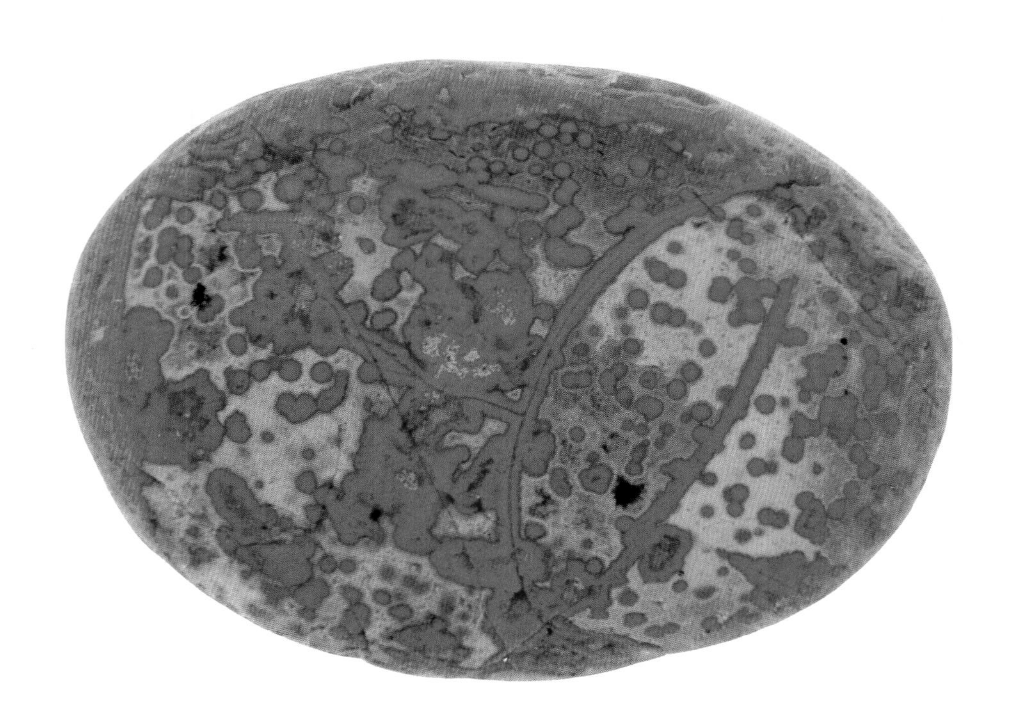

火棘，青少年时，我们叫它野山楂。

几十年前，上学路上的河港地头，有很多火棘。放学时肚饥难忍，就撸其小果充做零食，味略涩而微甜，咬之有面糯感，大把嚼吞倒也口齿生津，只是转移至“出口公司”时很有些困难。

火棘之名，端的是写实而形象，其果细小，但胜在多而簇拥，胜在红而明艳，远远望去，真似秋末冬初原野上的一把火。而棘者，刺也，火棘是蔷薇科的灌木植物，枝条刚劲而多硬刺，我们当年没少被刺伤手指。

火棘还有个名字叫满堂红，与一串红可有一拼。火棘的花语，是爱心的温暖，而寓意就是红红火火，无论是家庭，还是事业。所以，人们尤喜养植观赏，取其吉祥之意也。火棘的老根最宜做盆景，引几条劲疏之枝，配以山石，粒粒红果，颇有山原之趣、泉溪之美，赏心悦目。

吾之所居小院，养了一盆火棘盆景。每年果熟之季，眺之熠熠如霞，有若晨烟晚雾，更觉红漫霓纱，其美何足言之，故时常徘徊丛边，摄而存之，摘取一两粒入口，重温旧岁情怀也。

几日前，偶得一枚雨花石，图案若花且有果，与盆景中火棘果相差无几，吾取其神而忽于形，像与不像，存乎一心，助吾兴也。

花仙子

4.4cmX4.1cm

## 醉秋

4.9cmX4.4cm

小枫一夜偷天酒，却倩孤松掩醉容。
【宋】杨万里

# 秋声

4.4cmX4.1cm

已凉天气，枫叶不是抖索，是曼舞，是轻歌，发有色之音，秋之声。
蝈蝈和鸣，流水潺潺，默默无言，唯有，丰腴的果实。

【现代】池澄

# 讀石筆記第十一章

# 牲灵活现

## 十二生肖

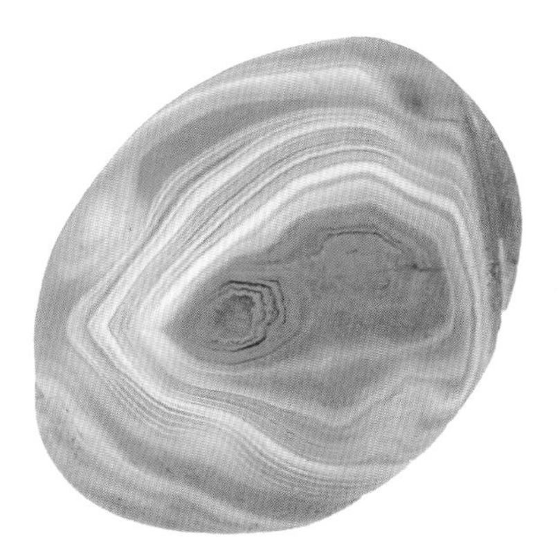

子鼠
5.4cmX5.0cm

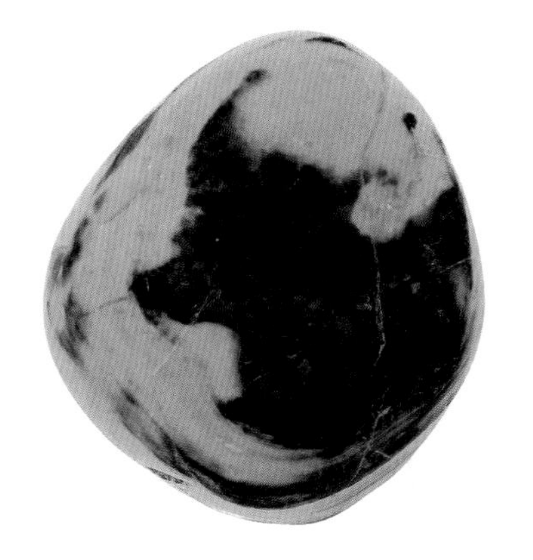

丑牛
4.6cmX4.0cm

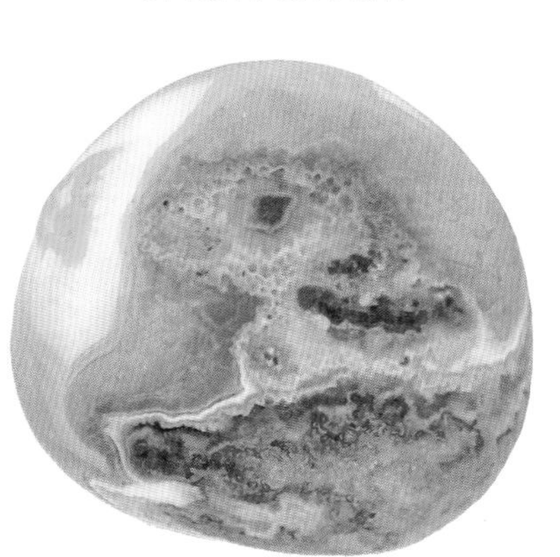

寅虎
4.9cmX4.6cm

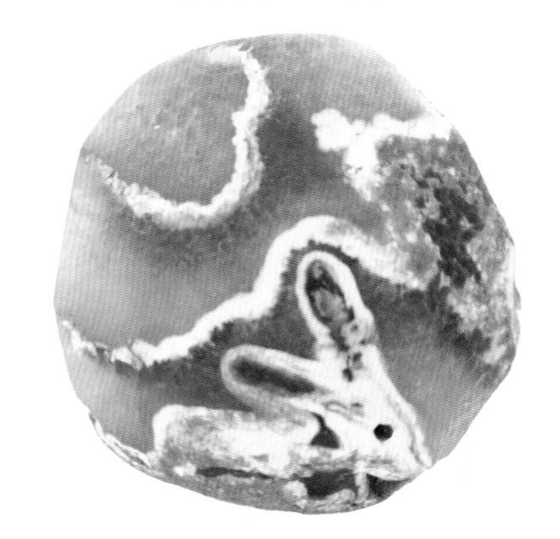

卯兔
5.8cmX5.5cm

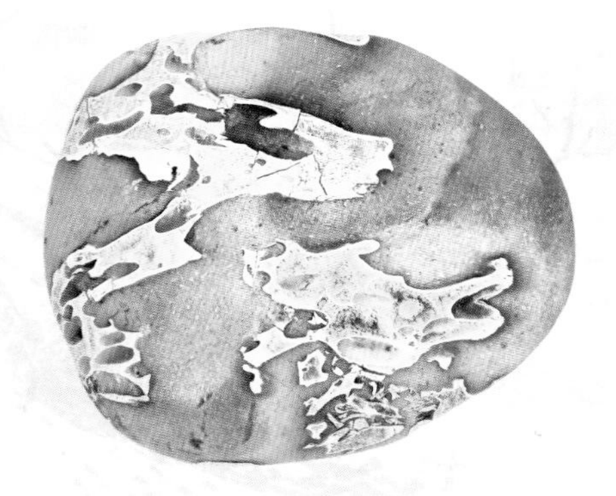

辰龙
5.0cmX4.4cm

巳蛇
5.4cmX4.4cm

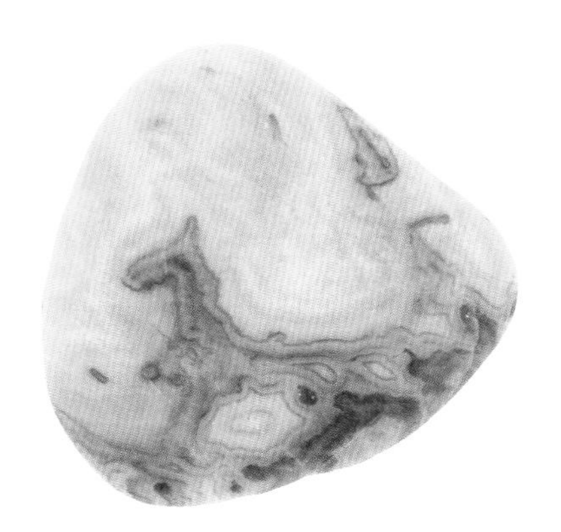

午马
5.2cmX4.5cm

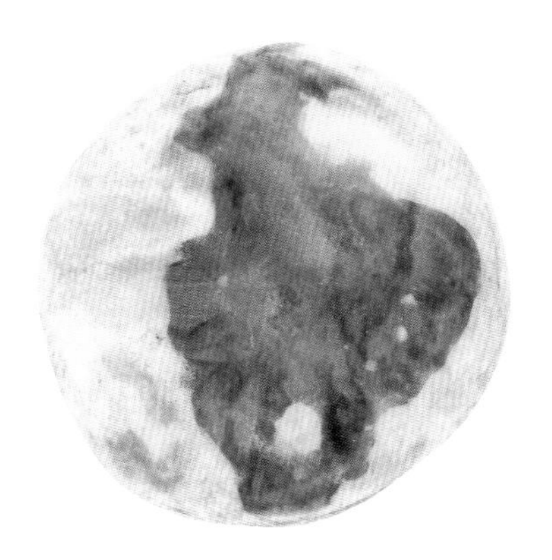

未羊
4.6cmX4.3cm

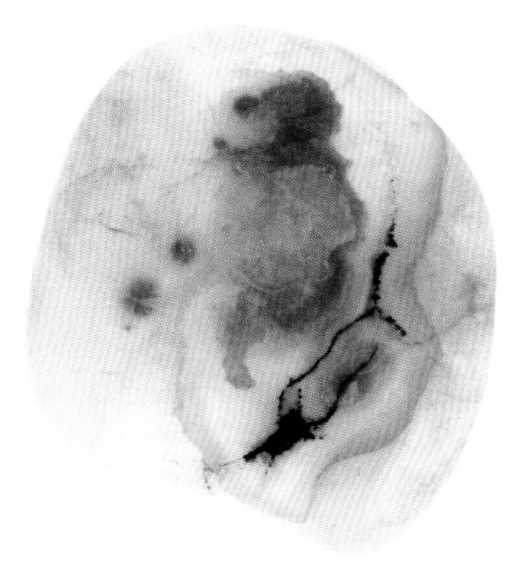

申猴
4.3cmX4.1cm

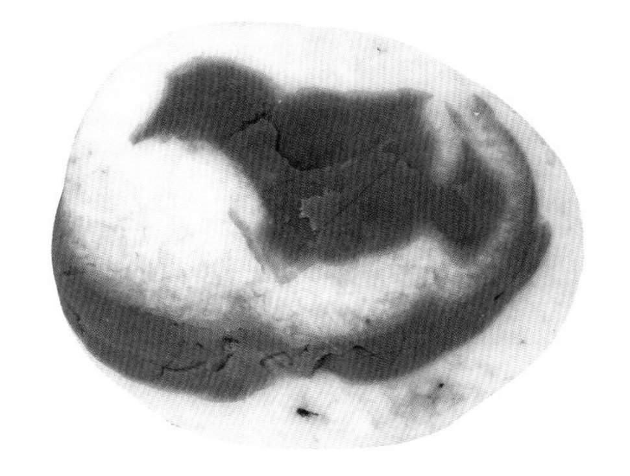

酉鸡
5.2cmX4.7cm

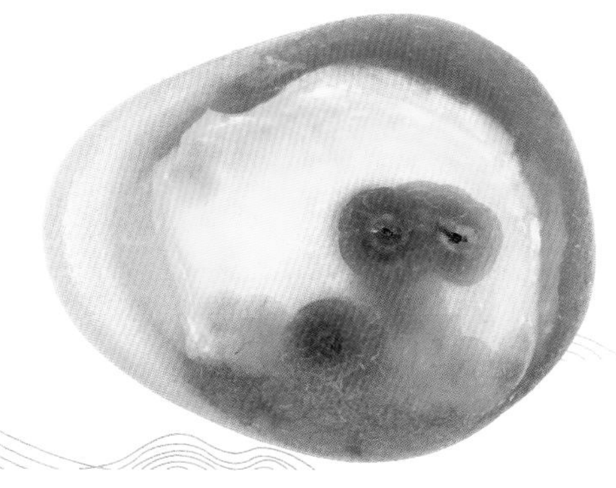

戌狗
5.6cmX4.2cm

亥猪
5.9cmX4.9cm

# 十二生肖

生肖，亦称属相，或称相属。十二生肖纪年，始于东汉时期。

大千世界中，飞禽走兽千万种，为何古人偏偏以这十二种动物作为十二生肖呢？仔细思量，发现它们大致可分为三类：一是“六畜”，即牛、羊、马、猪、狗、鸡六种动物，乃是与农耕经济密切相关的人类最早驯化的动物。二是被人们熟知的、与人的日常生活密切相关的野生动物，有虎、兔、猴、鼠、蛇五种。三是中华民族的传统吉祥物龙。龙是虚构动物，是上古图腾崇拜的产物。龙在国人的心目中是一种“灵物”。

在中国，生肖文化渗入了生活的方方面面。每个生肖都对应着一日时辰、一岁年轮。无论贤君还是将相，无论平民还是贵族，生肖总是活灵活现，充满灵性，不分贵贱。是华夏民族和千万家族渊源不断，和谐共荣的血脉所在。

十二生肖文化是我国非物质文化遗产，是中华民族文化的独特标识。逝去的历史能被公元所记载，远去的生命却有着生肖的铭记。在全球一体化、文化大交流的形势下，我们对这笔非物质文化遗产必须加以重视、保护和研究，弘扬精华，去其糟粕，使之得到健康的继承和发展。

## 虎踞钟山

9.0cmX8.0cm

石头巉岩如虎踞，凌波欲过沧江去。
钟山龙盘走势来，秀色横分历阳树。

【唐】李白

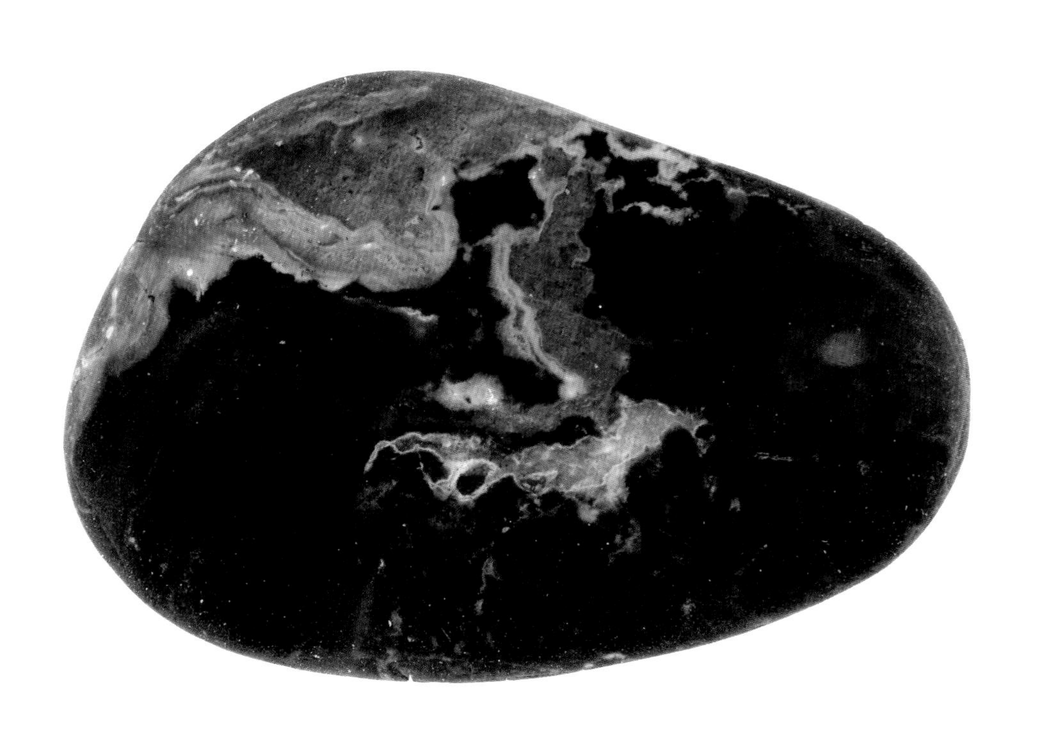

## 马首是瞻

5.2cmX4.5cm

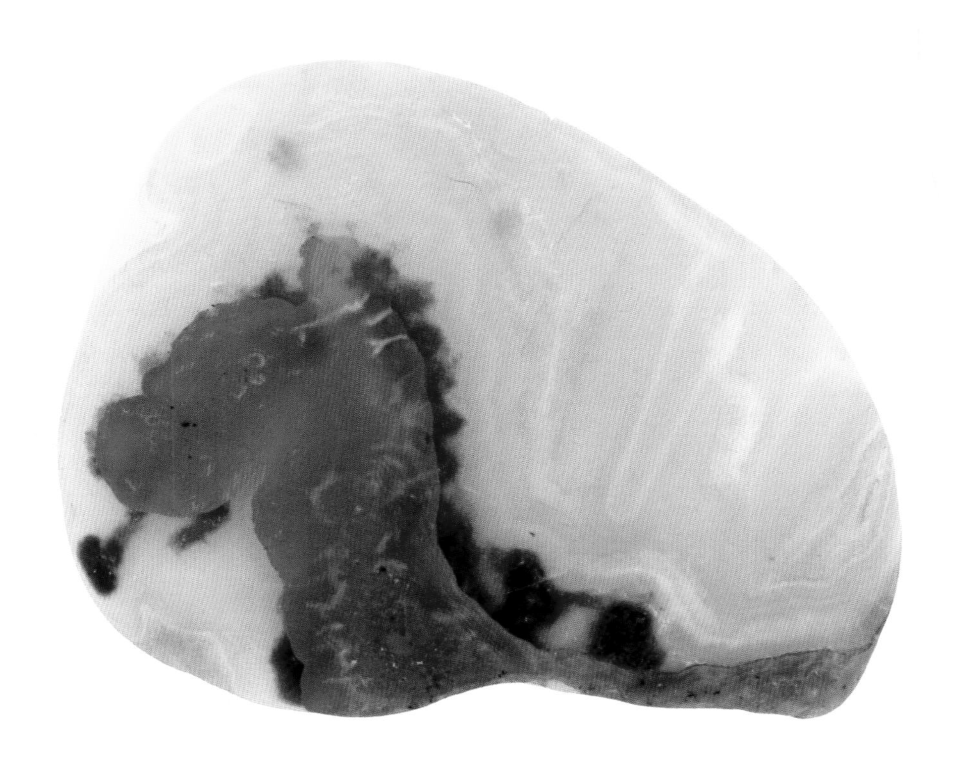

我属马，故而更爱马。值我“花甲”到来之际，有幸获得一匹特别的“马”，故取名为“马首是瞻”。

此石扁平端庄，图纹清晰，动感十足。一匹枣红马的马首及其腰脊跃然石上，十分抢眼。马的嘴、眼、耳依稀可见，缰绳垂在马的嘴唇下方，马的鬃毛竖着。虽然看不见它的全貌和驾驭它的主人，但从姿态上看显然是匹难以驯服的烈性之马，它脱缰后引颈长啸，涉水泅渡，奋力向彼岸游去。静观细读此石，画面构图讲究，马首位置得当，形态伟岸逼真，红白反差强烈，形和意融为一体。虽然有点缺憾，但它具有残缺的美，不失为精品之石。

这精彩传神的画面，让人们联想起“马首是瞻”的典故来。故事说的是，春秋时，晋悼公联合了十二个诸侯国攻伐秦国，指挥联军的是晋国的大将荀偃。荀偃原以为十二国联军攻秦，秦军一定会惊慌失措。不料，秦国已经得知联军心不齐，士气不振，所以毫不胆怯，并不想求和。荀偃没有办法，只得准备打仗，他向全军将领发布命令说：“明天早晨，鸡一叫就开始行动，各军都要填平水井，拆掉炉灶。作战的时候，全军将士都要看我的马头来定行动的方向。我奔向哪里，大家就跟着奔向哪里。”

想不到荀偃的下军将领认为，荀偃这样指令，太专横了，反感地说：“这样的命令，为什么要听他的？好，他马头向西，我偏要向东。”于是率领自己的队伍朝东而去，这样一来，全军顿时混乱起来。

荀偃失去了下军，仰天叹道：“既然命令不能执行，就不会有取胜的希望，一交战肯定让秦军得到好处。”他只好下令将全军撤退。

看着我的马头行事，决定前进与否，这是克敌制胜的关键。大敌当前，荀偃的下军不听指挥，与敌交战取胜无望，不如撤军休战，这是聪慧者之举！此典故告诉人们一个道理：成就一项伟大事业，必须绝对服从最高统帅的号令和指挥，在统帅的旗帜下，各路人马，万众一心，步调一致，才能取得事业的成功。这就是历史的结论！

马是人类的好朋友，“马到成功”“一马当先”“老马识途”“万马奔腾”“龙马精神”都是人们对马的钟情。一块没有经过任何人工雕琢、打磨的雨花石，能够形成如此形象，真是鬼斧神工！我见过许多有关马的画作，都是大师画就的。而这枚雨花石，栩栩如生，决非人工所能及，确为天赐之宝物。感恩上苍为我年满“花甲”赏赐一份厚礼！

## 人猿泰山

4.7cmX4.0cm

这枚石头取名为“人猿泰山”。赏玩品读它，我的思绪被吸引到美国电影《人猿泰山》的故事里了……

一对带着幼子的夫妇遭遇海难，他们奋力划着救生艇来到茂密的非洲原始森林。夫妻俩在树上筑起树屋当作临时住所，一天却不幸惨遭花豹突袭，双双丧生。与此同时，母猩猩卡娜正因为失去了小猩猩而悲啼不已，听到远处传来婴孩哭声，她循声找去，却发现一个人类宝宝。在母爱的驱使下，卡娜收养了这个后来被称作“泰山”的婴孩，把他带回了森林中的家。

泰山一天一天长大了。此时，泰山已是森林的游侠，爬树身手矫健，攀着树藤可以来去自如，还有一群猩猩好友与他四处游玩，生活再惬意不过了。这种无忧无虑、平静宁和的生活，终于随着一支人类探险队的闯入而被打破。探险队里有一个姑娘，她在进树林时遭到了猩猩的阻止，是泰山救了她。泰山发现这个姑娘和自己一样，很惊讶。这个姑娘把泰山带回了营地，教他说话、写字....

快乐的日子总是过得很快，姑娘要走了，泰山不愿意，但是又没办法。突然有个人说，泰山只要让他们看到猩猩就可以把姑娘留下，泰山答应了。接下来，这个坏蛋先把泰山、姑娘和姑娘的爸爸关了起来，然后去抓猩猩了。朋友把泰山他们救了出来。当泰山回到森林时，森林里的猩猩死了一大半，就连首领也死了。泰山的妈妈幸运地逃了出来，然后带他去了当初捡他的地方，泰山这时终于明白了自己为什么和其他的猩猩不一样。第二天姑娘要走了，泰山不能走，因为泰山现在是首领了，他要保护这些猩猩。姑娘的爸爸同意了她可以和泰山在一起，从此姑娘和泰山过着幸福的生活。

电影让人感动，生动的故事留下悠长的回味。电影里描述的爱超越了动物和人的界限，这让我相信：是生命，其间总有流动的感情纽带。我为泰山、小象和小猩猩伙伴之间的友谊感动。舐犊情深，母猩猩对于泰山的关照呵护不啻任何一位人类母亲。她懂得怎样消除孩子心中的疑虑，怎样激发孩子的兴趣，怎样鼓励孩子心中的梦想，教会他：无论外表如何，同样跳动着的是一颗热血之心。当姑娘和泰山欢快奔跑于丛山密林中，当姑娘可爱的老父亲跳下小船跑向那片乐土的时候，你不能不被这样的爱情、真情所感动。

“人猿泰山”美石现世，有一定的现实意义。有高人说：石不能言最可人。此石向我们传递的信息至少有三个方面：一是倡导珍爱生命，珍惜友情、亲情、爱情；二是勾起人们对自然的关注与向往，实现人与动物、人与自然的和谐相处；三是坚持相信一个真理，正义总是能战胜邪恶的。善有善报，恶有恶报，不是不报，只是时候未到罢了！

金刚

5.6cmX4.3cm

## 猴门多福

从汉唐开始，传统民俗就常以猴作为吉祥、显贵、驱邪纳福的象征。在与猴有关的风俗和成语中，寄托着人们对美好生活的向往，也承载着悠久深厚的民族思维和文化。

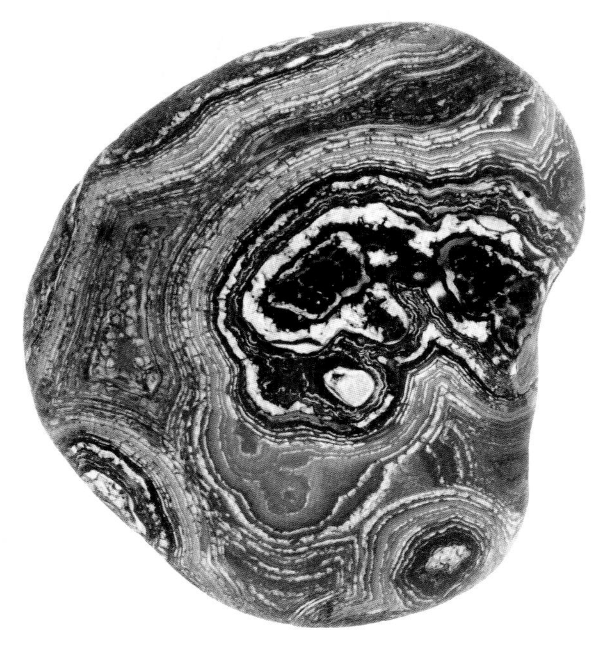

9.9cmX8.9cm

5.0cmX4.7cm

4.1cmX4.0cm

# 猪八戒

5.2cmX4.5cm

亦有猪八戒，妙处在疏野。
偷懒说谎话，时被师兄骂。

【近代】周作人

## 大圣巡天

6.8cmX4.5cm

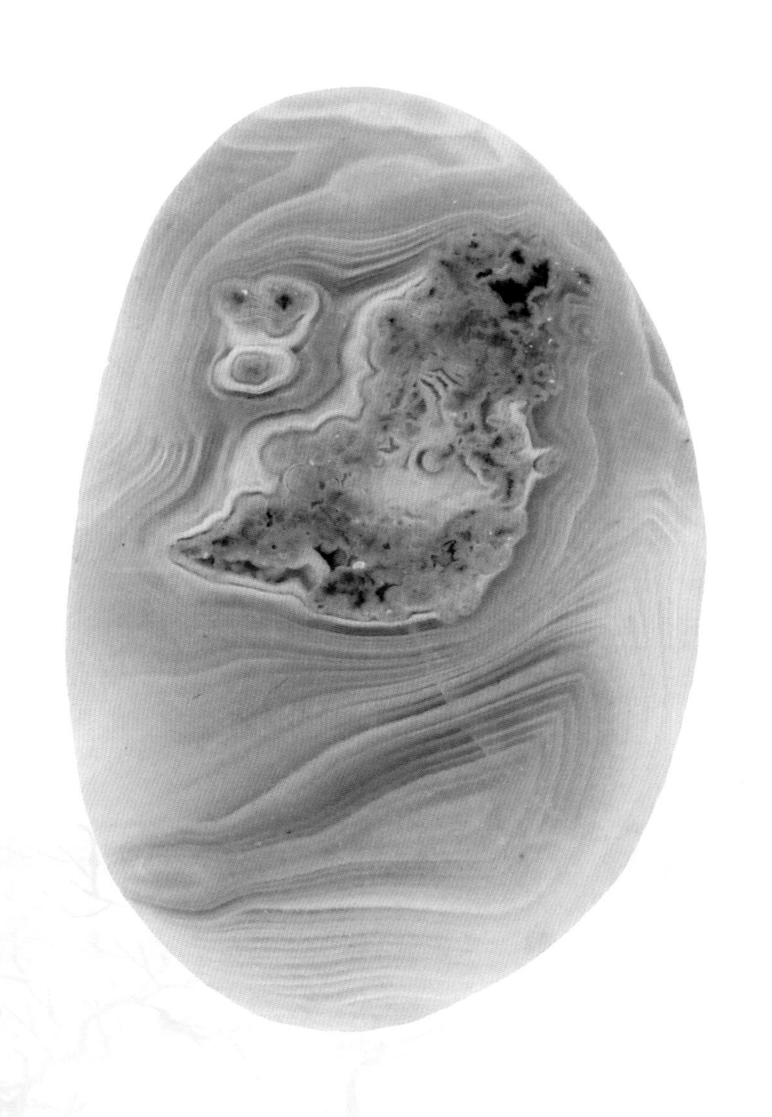

此石画面以淡鹅黄色为主，并有白线条在片状深黄色上巧妙构图。淡鹅黄色如同妖雾，天空中飘来大片云朵，有只猴子躲在云层中，探出头脸，睁大眼睛，目不转睛地注视前方，驾着云头前行。缠丝线条增添了画面的灵动感。遂取名“大圣巡天”。

大圣即孙悟空。他是灵石孕育而成之石猴，占山为王三五百载。他拜菩提祖师为师，习得地煞数七十二变和筋斗云。此后，大闹东海龙宫，终得如意金箍棒。又因阳寿已尽而大闹地府，修改生死薄，返回人间。后来，受天界招安，被封为“弼马温”和“齐天大圣”，又偷吃蟠桃，被封于八卦炉练就金睛火眼。最后，他被压制于五行山下五百年。唐僧西天取经，路过五行山，揭去符咒，才把他救出来。经观世音菩萨点拨，孙悟空拜唐僧为师，同往西天取经。取经路上，孙悟空降妖除怪，屡建奇功，历经九九八十一难，师徒四人到达西天雷音寺，取得真经。孙悟空修得正果，加封为“斗战胜佛”。

吴承恩老先生用他的笔触，为我们塑造了一个超凡入圣的美猴王形象，被百姓推崇和喜爱。

悟空出山
8.8cmX7.0cm

## 百鸟朝凤

6.5cmX5.5cm

八方该帝泽，威凤忽来宾。
向日朱光动，迎风翠羽新。
【唐】杨嗣复

## 猴观云海

6.9cmX4.6cm

灵猴观海不知年，万顷红云镶碧天。
坐看人间兴废事，几经沧海变桑田。

佚名

## 鱼跃龙门

5.2cmX4.2cm

激荡惊涛骇浪间，逍遥未必是悠闲。
不信雷池能作主，跃过龙门便是天。
争夙愿，奉因缘，风流一路淡尘烟。
雪月风花全不忌，自作春秋是美谈。

【现代】于炳战

# 金鼠献瑞

6.5cmX5.0cm

古来子鼠傍人栖，十二生肖踞第一。

红霭金身来献瑞，凡间怪得供神祇。

【现代】王成柱

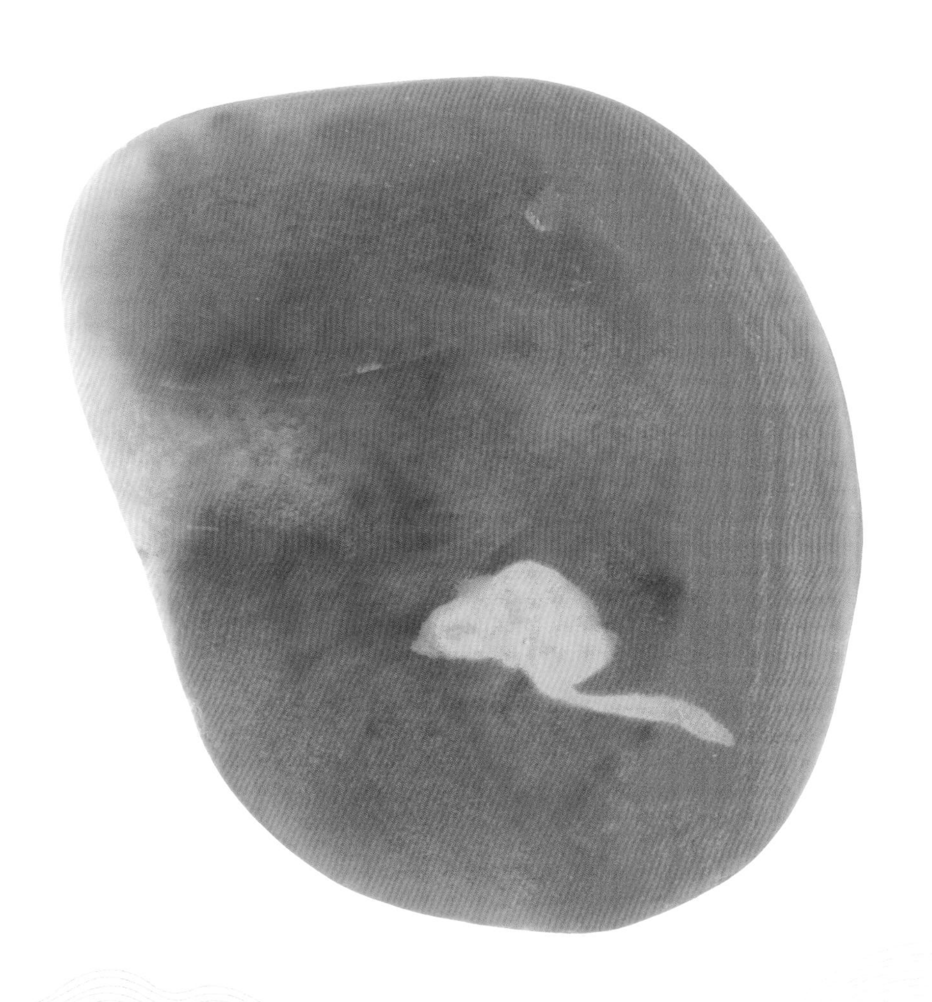

## 红鲤织锦

5.5cmX5.2cm

层云愁天低，久雨倚槛冷。
丝禽藏荷香，锦鲤绕岛影。
【唐】陆龟蒙

# 凤凰涅槃

5.8cmX5.6cm

凤凰涅槃，浴火重生。在传说当中，凤凰是人世间幸福的使者，每五百年，它就要背负着积累于人间的所有痛苦和恩怨，投身于熊熊烈火中自焚，以生命和美丽的终结换取人世的祥和与幸福。同样在肉体经受了巨大的痛苦后，它们能得以重生。垂死的凤凰投入火中，浴火新生，其羽更丰，其音更清，成为美丽辉煌永生的火凤凰。

## 蜘蛛妖影

6.0cmX5.5cm

羡他虫豸解缘天，能向虚空织罗网。
【唐】元稹

## 京巴嬉戏

5.9cmX5.8cm

狗吠何喧喧，有吏来在门。
披衣出门应，府记欲得钱。
佚名

## 喜鹊与寒号鸟对话

6.2cmX4.2cm

这是一枚形意俱佳的石头，取名“喜鹊与寒号鸟对话”。画面勾绘出一幅妙趣横生的画面：石中有两只鸟，一左一右站在一树枝杈上，左边的鸟背着身子扭头向右看，右边的鸟睁大眼睛看着左边，两只鸟似在对话，好像在争执某件不愉快的事情。画面生动传神，令人称奇叫绝。

读此石，取其名，灵感源自童话故事《喜鹊与寒号鸟》。这个故事说的是：山崖上的石缝中住着寒号鸟，崖前大杨树上住着喜鹊，他们是邻居。冬天快要到了，喜鹊飞出去寻找枯枝，忙着垒巢，准备过冬。寒号鸟却整天飞出去玩，累了就回来睡觉。喜鹊说：“寒号鸟，别睡觉了，天气这么好，赶快垒窝吧。”寒号鸟不听劝告，躺在崖缝里对喜鹊说：“你不要吵，太阳这么好，正好睡觉。”

冬天到了，寒风呼呼地刮着。喜鹊住在温暖的窝里，寒号鸟却在崖缝里冻得直打哆嗦，悲哀地叫着：“哆罗罗，哆罗罗，寒风冻死我，明天就垒窝。”第二天清早，风停了，太阳暖烘烘的，喜鹊对寒号鸟说：“趁着天气好，赶快垒窝吧。”寒号鸟不听劝告，伸伸懒腰，又睡觉了。

寒冬腊月，大雪纷飞，漫山遍野一片白色。北风像狮子一样狂吼，河里的水结了冰，崖缝里冷得像冰窖。就在这严寒的夜里，喜鹊在温暖的窝里熟睡，寒号鸟却发出最后的哀号：“哆罗罗，哆罗罗，寒风冻死我，明天就垒窝。”天亮了，阳光普照大地。喜鹊在枝头呼唤邻居寒号鸟，可怜的寒号鸟在半夜里冻死了。

欣赏此石，再读此文，从中让人品味出勤劳和懒惰不同的滋味。寒号鸟是可悲的，但这种悲剧是由谁造成的，难道是因为天寒么？不，天气迟早是要寒的，是寒号鸟没有做好御寒的准备。寒号鸟和喜鹊显然都知道冬天快要来了，喜鹊却能在大雪纷飞之前为自己搭建一个温暖的窝，而寒号鸟则是过着“今朝有酒今朝醉”的安逸生活，待到天寒地冻、大雪纷飞时只能望雪兴叹。

此石可品可读，笔者以此童话来解读这枚石头，目的是告诫：美好的学习机遇浪费、耽搁了，就会在“严冬”到来时，冻失了自己！同时也告诫那些只顾眼前、得过且过、不做长远打算、不去辛勤劳动创造生活的人，如果这样一直下去，结局跟寒号鸟也没有多大的区别。

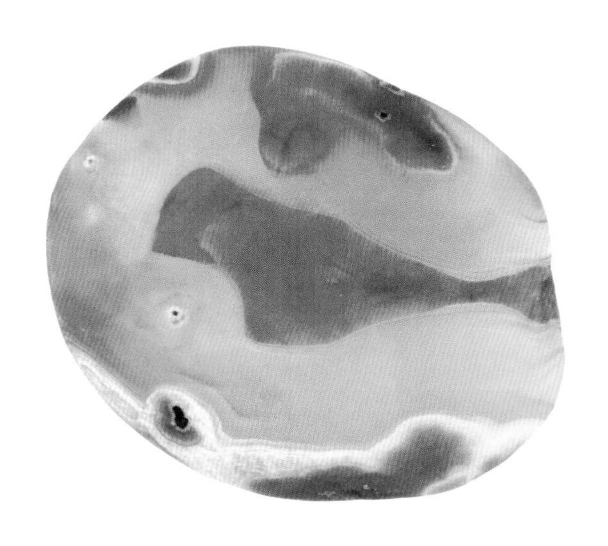

报喜鸟

6.5cmX4.7cm

## 雪地熊影

8.6cmX6.6cm

熊罴对我蹲，虎豹夹路啼。
【魏】曹操

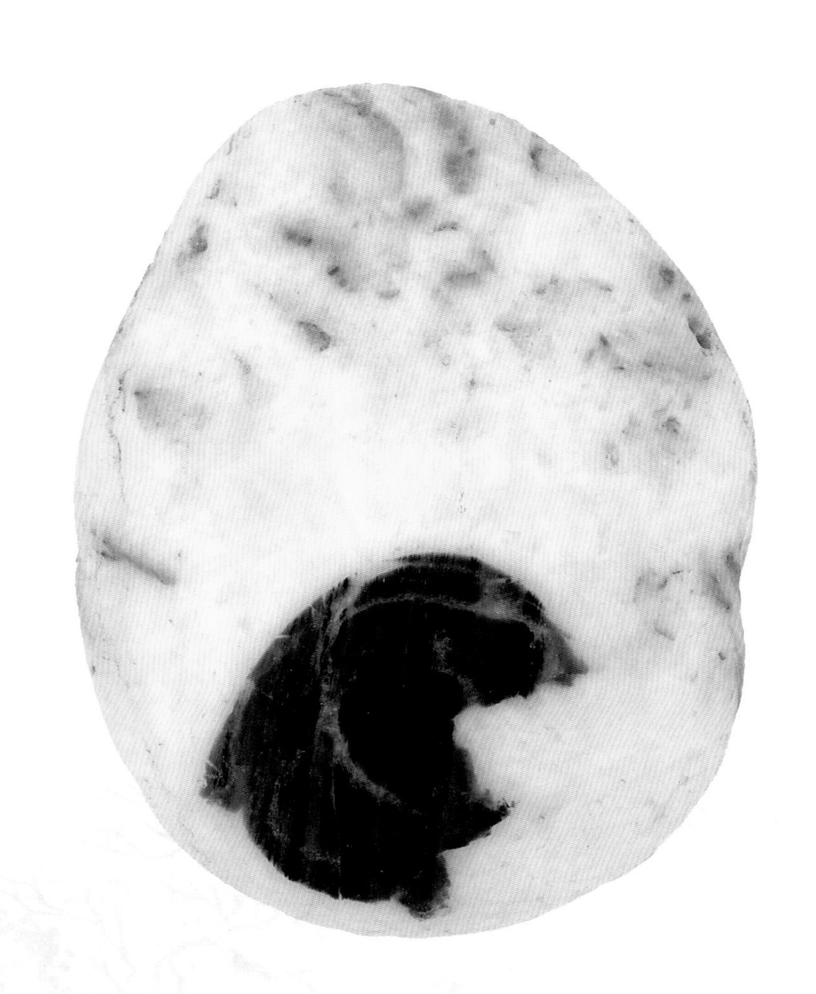

## 虎豹争雄

8.2cmX5.9cm

卿云褒武皆蜀秀，虎豹各自雄须牙。

【宋】李石

## 杜鹃啼血

5.5cmX4.9cm

鸟自悲鸣花自妍，山花啼鸟两名兼。

国亡幽恨谁前诉，泪血春风染杜鹃。

在古蜀国，有一位叫杜宇的国王，仁慈勤政，教民稼穑，把国家治理得国富民丰。他将王位禅让给了一个自以为放心的臣子鳖灵，便悠游山水去了。

那鳖灵一朝权在手，便把令来行，竟将先前的仁政逐次更张，惹得民怨四起。这以后，政黯国衰，蜀国不几年竟灭亡了。杜宇知道后，一病身亡。

那老国王一缕冤魂，岂能忘却故国和自己的人民，于是化作一只杜鹃鸟，年年春天飞来看望，只见国破人亡，悲伤得处处哀唤："不如归去，不如归去……"恸啼不已，口中流出血来。当他飞过蜀国大地，血滴洒落，染红了漫山遍野的杜鹃花。

我被这个故事深深地感动，从案头翻出南京王先生的一篇七绝，放在本文的开头。

杜鹃花是我国名花之一，简约大气，热烈奔放，民间呼作映山红。

记得多年前一次游皖南，车在群山中蜿蜒而行，两边山岭上盛开的杜鹃花红得好像燃烧的火，壮丽无边，浓艳炽热。湛蓝的天上白云缕缕，路边池塘里鸭群浮游，粉墙黛瓦的村落在火红的山坡下，几头水牛甩着尾巴，悠闲地在村外吃草。一位同伴叫道："嘿，我们何不停车多看一下这美景啊。"

车刚停稳，同伴们急不可耐地跳下车，有的忙抽烟，有的忙拍照。我搭手回望这杜鹃山岭的神韵，春阳金晖，浮光流岚，枝叶染成朦胧迷幻之影，杜鹃花却是那样的鲜亮，一簇簇、一片片，红艳艳地开放了。在这个美丽的画卷里，那啼血的鸟儿飞回来了吗？我仿佛听见了那一声接一声哀戚的啼唤。

辛弃疾有《定风波》咏杜鹃花道：

百紫千红过了春，杜鹃声苦不堪闻。却解啼教春小住，风雨。空山招得海棠魂。　恰似蜀宫当日女，无数。猩猩血染赭罗巾。毕竟花开谁作主，记取。大都花属惜花人。

回到石头上，这画面十分传神：一只鸟似在巢穴中，它伸长脖子，大而亮的眼睛，尖利的嘴，神情专注，活灵活现，惟妙惟肖，栩栩如生。妙在鸟嘴黄黄的，下方有片血红色，切合啼血意境，真是神奇之极，不得不让人赞叹。

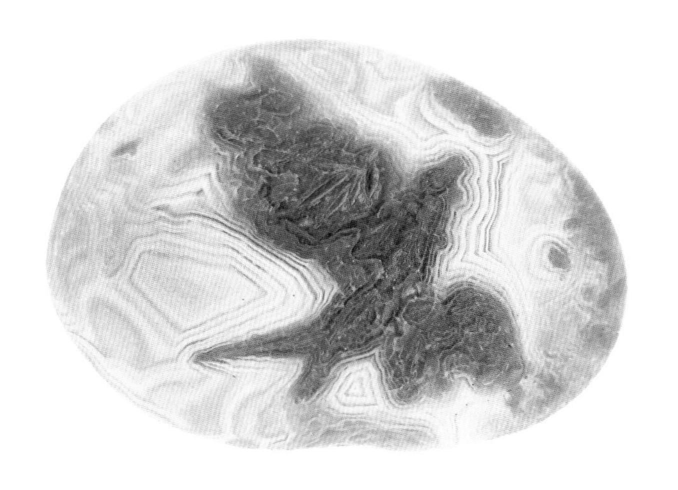

春燕归来

6.3cmX4.0cm

## 凤凰

4.6cmX4.0cm

凤兮凤兮归故乡，遨游四海求其凰。

【汉】司马相如

# 蛙鼓声声

5.3cmX4.0cm

稻花香里说丰年，听取蛙声一片。

【宋】辛弃疾

## 大漠苍狼

6.3cmX4.0cm

一声咆哮传向远方，
凄凉的呐喊几近绝望。
荒漠的沙丘起伏跌宕，
泪眼迷茫四处流浪。
我是一只大漠苍狼，
不知我将去向何方。
何处才是栖身的家园？
别再让我别再让我悲伤。
【现代】朱永飞

# 玩猫戏蝶

5.0cmX3.6cm

闲折海榴过翠径，雪猫戏扑风花影。

【宋】秦观

## 神龟永寿

7.0cmX4.4cm

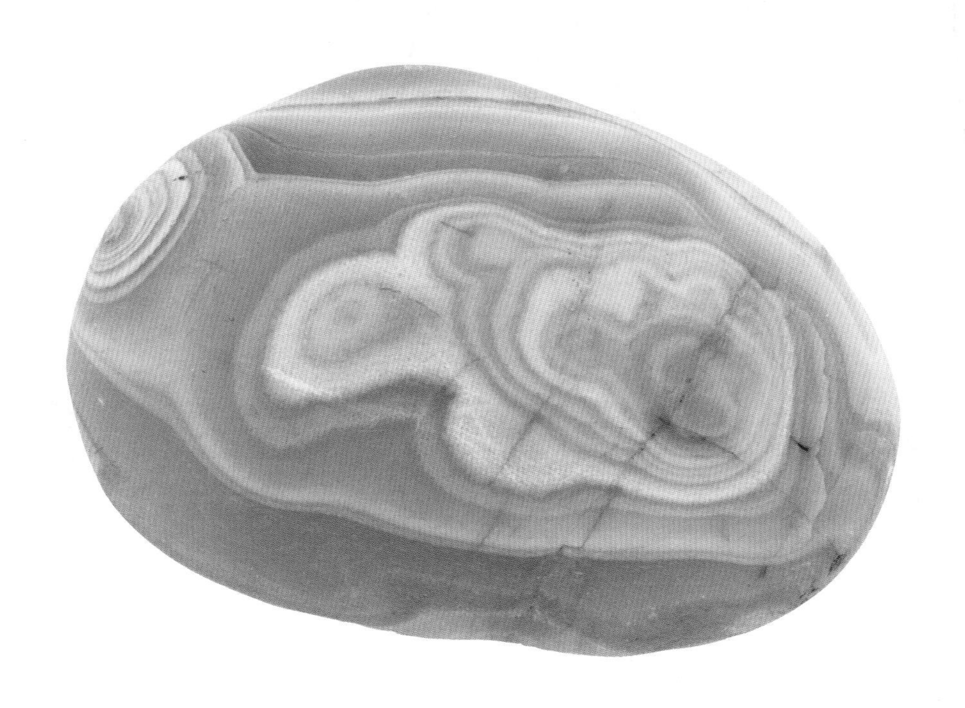

这枚石头上，一只神态怡然的龟似寒日冬眠初醒后，伸出头来窥视着周围的一切，找寻它往日的记忆，开始新生活。

龟，作为地球的古老居民，它行动迟缓，适应能力却很强，寿命也长，是长寿的象征。“龟”与“贵”谐音，又是富贵的象征。曹操曾创作了一首很有名的诗，叫《龟虽寿》，大意是说，神龟纵活三千年，可还是难免一死。“腾蛇”和龙一样能够乘云驾雾，本领再大，一旦云消雾散，就和苍蝇、蚂蚁一样，灰飞烟灭了。千里马虽然老了，卧在槽旁，仍旧有驰骋千里的志向；有抱负有志向的人，即使到了暮年，其雄心壮志也毫不减弱。人的寿命或长或短，不完全出于天定，只要调养有方，是可以保持身心健康，延年益寿的。

曹操以形象的比喻、明快的语言表达了一种人定胜天的非宿命论的思想，体现了他达观、积极的人生态度，昂扬、进取的精神。它告诉人们，事在人为，命运是可以改变的。它激励人们，不要哀叹时光的流逝，丢弃那种人到暮年无所作为的悲观消极思想，要像那匹老马一样，老当益壮，奋斗不息。笔者以为，作为封建统治者的曹操，对生命的自然规律有这样清醒的认识，这是难能可贵的。

欣赏这枚石子，能联想到曹操的诗，我对此石更喜爱了。因为这石头上的龟已有几百万年了，它从混沌时期活到今天，仍然悠闲自得、年复一年地生存着。此石现世，祈祷人世间平安昌盛、幸福安康、和歌永年。

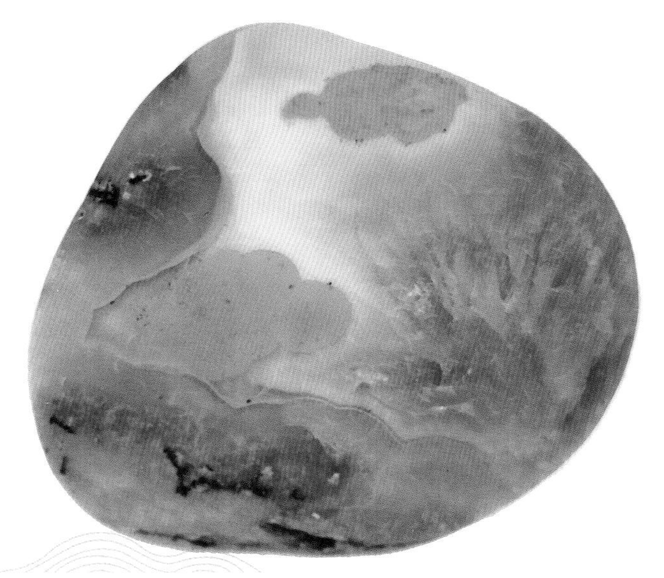

灵龟探海

5.3cmX4.7cm

## 马踏飞燕

5.9cmX5.5cm

龙雀蟠蜿，天马半汉。瑰异谲诡，灿烂炳焕。
【汉】张衡

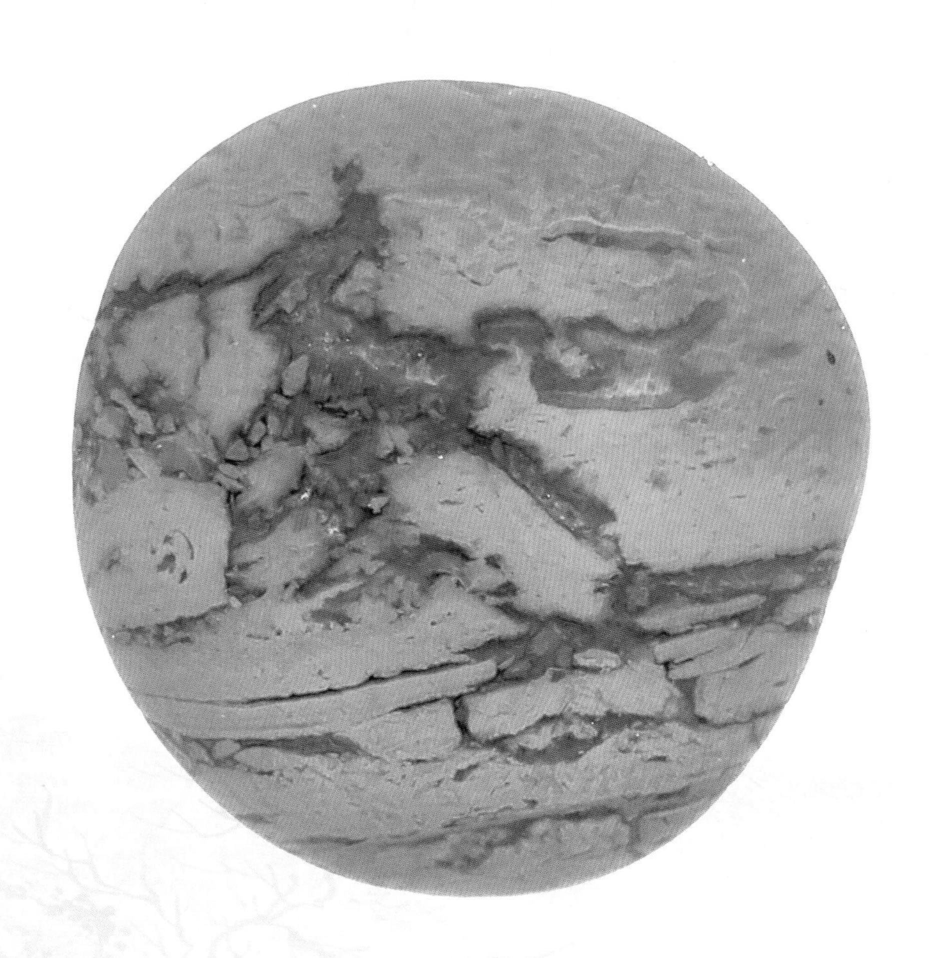

## 春蚕

春蚕到死丝方尽，蜡炬成灰泪始干。

【唐】李商隐

结茧

5.7cmX5.3cm

蚕蛹

5.2cmX2.0cm

## 義之鹅

6.0cmX4.5cm

雨花石中的象形石，形似、神似两者兼备，让收藏者、观赏者神魂颠倒、爱不释手。这样的石头，具有常读常新之感、百看不厌之效果。

这一枚象形雨花石，我取名为“義之鹅”。它由三色搭配而成，灰黑、淡黄和绛红色。粗细不等的绛红色线条与灰黑、淡黄巧妙地结合，勾画出一只鹅的身影。鹅头、鹅项、鹅身比例准确，尤其是鹅头上的肉质瘤凸出，可见是只公鹅。鹅居石中下位置，似在水塘中游动。画面清晰，形象逼真，动感很强，惟妙惟肖，仿佛是天外来客降临人间，悠闲自在。仔细品味此石，不免使我想起在历史上广为传诵的王羲之爱鹅养鹅的典故。

山阴一个道士，喜欢养鹅，王羲之前去观看，心里很是高兴，坚决要求买了这些鹅去。道士说："只要你能替我抄写《道德经》，我这群鹅就全部送给你。"王羲之欣然抄写，用笼子装了鹅带回家，感到非常高兴。又载，会稽有一个老妇人养了一只鹅，擅长鸣叫，王羲之要求买下来却没有得到，就带着亲友驾车前去观看。老妇人听说王羲之即将到来，就把鹅宰了煮好招待王羲之，王为此叹息了一整天。

羲之不仅爱鹅，而且还亲自养鹅。在居住的兰亭，他还特意挖了一口池塘养鹅，后来取名"鹅池"。池边建有碑亭，石碑刻着"鹅池"两字，字体雄浑，笔力遒劲，人们看了赞叹不绝。提起这块石碑，还有一个美妙的传说。有一天，王羲之拿笔正在写"鹅池"两个字。刚写完"鹅"字时，忽报朝廷圣旨到他家。这时，他停下笔来，整衣出去接旨。在一旁看写字的王献之，见父亲写好一个"鹅"，"池"还没写，就顺手提笔接着写了"池"字。两字如此相似，如此和谐，一碑二字，父子合璧，成了千古佳话。

其实，"书圣"羲之如此爱鹅，不是为吃鹅补养身体，更不是为赚钱养家糊口，而是通过观察鹅的叫声和神态，把其逐渐融入书法艺术之中。他所写的"鹅"字，一笔而过，称为"一笔鹅"。在《兰亭集序》中，有二十个"之"字，无一雷同，各具形态，就是他平时细心观察鹅的姿态而写就的。

这枚"羲之鹅"石，是大自然鬼斧神工之杰作，几百万年前就被定格在雨花石上。此石一露面，就引起了石友们的关注。一位石友看后，立即朗诵骆宾王的《咏鹅》诗："鹅，鹅，鹅，曲项向天歌。白毛浮绿水，红掌拨清波。"听着这首诗，仿佛又回到了孩童时代。看着石中的鹅，它很悠闲自得，那专注的神情和柔美身姿，给人一些的遐想，它是在等待伴侣？还是在欣赏人间的美景？我想，它一定是在等待伴侣，告诉它们风景这边独好！

# 讀石筆記 第十二章

# 奇形物象

## 赏“兔”小记

45.0cmX17.0cm

2018年，中国·江苏收藏艺术品博览会在仪征闭幕，接着在黎明酒店召开雨花石学术研讨会。会上，有人提到我藏有一枚兔子贡石，品大且又形象，很震撼，这引起了与会著名诗人孙友田等几位老先生的关注。茶叙时，大家急切地希望我拿来欣赏。

当相关人员把兔子贡石拿来，放在众人面前时，几位老先生都发出赞叹声：“噢，这头形，这耳朵，这嘴巴，这眼睛，太像了、太传神了。”孙友田老先生围着兔石上下左右反复地看

着，并用他诗人特有视角边看边说：“它太累了，静卧在这里休息，是刚刚经历了惊心动魄的场面，正在回忆过去。”他老人家接着说“过去，包含的内涵多了，或许这是只月宫之兔初到人间，略显胆怯，卧在这里稍作休息，然后再有作为；或许它是只与龟赛跑之兔，失败后不得其解，卧在这里哀叹懊恼；或许它是只被穷追猛打落荒而逃的惊弓之兔，躲在这里，逃过猎人的追捕；或许它是只被人关在笼中的待宰之兔，它不想坐以待毙，正寻思找机会脱逃呢。总之，它卧在这里，让人们有许多遐想的空间。”孙老的解读，让大家耳目一新，众人佩服。南京雨花石协会副会长周德麟笑着说：“石不能言最可人，解读准确到位。精美的石头不仅会说话，而且还会唱歌呢。”《莫愁》原主编姜平章接上话茬说：“一块石头，首先要认识它，其次要解读它。既能认识它又能解读它，它就活起来了。孙老之所以能将此石解读到位，因为他是文人，又是诗人，这就是文化的魅力。”

话说到这里，我便向孙老提了个请求：“孙老你是前辈文化人，又是著名诗人，能否请你为此兔石吟上几句诗，让它更有看头呢！”孙老很诙谐地说：“刚才说的就是啊！”我很不解地望着孙老，孙老接着说：“就刚才上面说的几句足以把这兔子的文化内涵表达出来了。”他吟道：“它卧在这里休息／刚才的／惊心动魄／已成过去。”坐在旁边的姜老边喝茶边回味孙老的诗句，慢条斯理地说：“我建议把‘过去’二字改为‘回忆’，用‘回忆’比‘过去’内涵更丰满。”孙老沉思片刻后说：“好，改得好。这样改的话，我再加两三句，诗就更完美了。”于是，孙老用他北方人特有的腔调，从头至尾将全诗连贯起来朗诵：“它卧在这里休息／刚才的／惊心动魄／已成回忆／过眼烟云／不是／过眼烟云。”孙老的话音刚落，迎来了一片喝彩声，大家称赞：“好诗，蕴含深，立意准，回味无穷。”高级记者王增陵先生不无感慨地说：“这诗为这兔子量身定制，再妥帖不过了。一看诗句，兔子立马活蹦乱跳起来了。”南京雨花石协会会长戴康乐跟我开玩笑说：“老爷子啊，你今天收获大了，两位文人大家为你的兔石现场配诗酌句，少有哦！”笔者高兴，大家高兴，小小的茶室洋溢着热烈的气氛。

接着，笔者要来纸和笔，请孙老将诗抄录下来。孙老和姜老现场赏石赐诗，在石界传为佳话，笔者将此写成小记，以为纪念。

## 两只黄鹂

15.0cmX9.5cm

独怜幽草涧边生，上有黄鹂深树鸣。

【唐】韦应物

## 一眼千年

12.0cmX11.0cm

一眼千年，相隔千年宛如初见，梦见你千万遍，只想触摸你五官。一眼千年，沉默也胜万语千言。只有你有幸能描述这光阴似箭。

【现代】梁芒

## 财运圈

21.0cmX10.0cm

谁将阿堵物，簇簇拥床前。三皇传海贝，两汉五铢钱。
圆方寓天地，青蚨搅人间。君又呈宝石，这多财神圈。

【现代】王成柱

## 禅

18.0cmX9.0cm

身是菩提树，心如明镜台。时时勤拂拭，勿使惹尘埃。

【唐】释神秀

## 粽子

18.0cmX9.0cm

这枚雨花石，一眼望去就像剥去“外衣”的粽子，其颜色、纹理、形状都和端午吃的粽子差不多，可谓是惟妙惟肖，足见大自然的鬼斧神工。

端午吃粽子习俗，在魏晋时就已盛行。唐代时，粽子成了节日和市场上的美味食品。唐明皇吃了“九子粽”后龙颜大喜，赞不绝口，欣然赋诗道：“四时花竞巧，九子粽争新。”宋代陆游诗曰：“盘中共解青菰粽，衰甚将簪艾一枝。”到明代，出现了以豆沙、肉糜或干果仁为馅的粽子。清代出现了火腿粽子。

经历代的发展，如今的粽子品种繁多，花色纷呈。以形状来看，一般有正三角形、正四角形、尖三角形、方形、长形等各种形状。以口味论，由于各地的饮食习惯不同，粽子形成了南北风味。粽子不仅是端午的时令美食，也是一年四季供人享用的名小吃，为大家所津津乐道。

回到石头上，我手摸粽子石，闭目静思，感受着它的沧桑与厚重，也闻到它散发出的特有“香气”。

黄桥烧饼
10.3cmX7.5cm

## 中华龙鸟

19.0cmX13.0cm

比始祖鸟更始祖鸟，
比侏罗纪更侏罗纪。
一亿四千万年前的惊鸿一瞥，
亘古又刹那的瞬间……
你看你看，它是龙之族裔，
却长出了飞行家的彩翼
哇！它和爱侣深情一吻，
谱写创世纪的神州恋曲……

【现代】冯亦同

## 玉女峰

16.0cmX9.0cm

谁将玉女对妆台，曲水分明一鉴开。
铁石肺肠尘梦断，任他云雨逐人来。

【宋】周载

## 足球

7.5cmX7.0cm

蹴鞠场边万人看，秋千旗下一春忙。

【宋】陆游

# 贵妇衫

9.6cmX6.0cm

风吹仙袂飘飖举，
犹似霓裳羽衣舞。
【唐】白居易

# 鞋

鞋，是人们日常生活中的必需品。它，历史悠久，是人类文明显著的标志。几百万年前大自然就为人类造了“鞋”，这几枚雨花石鞋就是例证。它们无论纹理，还是形状，可谓是惟妙惟肖、巧夺天工。

欣赏雨花石鞋，令我情不自禁地在知识海洋中追寻鞋的古今演进过程。据说，远古人是不穿鞋的，到石器时代，才开始用兽皮裹脚，用藤缠住。约到仰韶文化时期，才出现用兽皮缝制的便鞋，《诗经》上“纠纠葛屦，可以屦霜”中的屦，就是一种用葛制成的鞋。

看这几枚雨花石鞋，我想到“千里之行，始于足下”这句话，人要走路，必须要穿鞋。鞋是人们为了保护脚部、便于行走和御寒防冻而穿的兼有装饰功能、卫生功能的足装。鞋，在人的服饰中只占很小部分，而且处于不受人注目的“最下层”，但其作用非同小可。

## 蘑菇

4.0cmX3.5cm

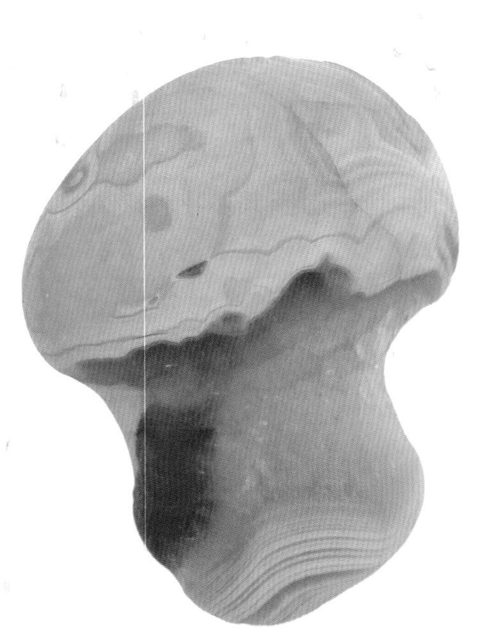

5.9cmX4.8cm

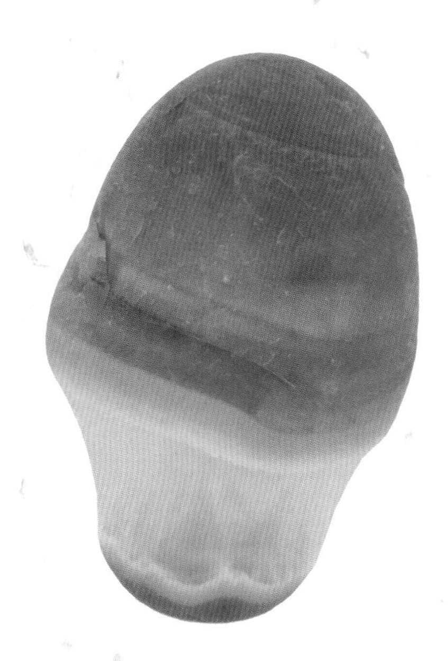

5.0cmX3.5cm

4.0cmX3.0cm

蘑菇无尖无垢，应运而生新雨后。
无叶无花，软玉温香入口滑。
深藏不露，隐入草丛思豆蔻。
足迹天涯，偏爱寻常百姓家。
【现代】于炳战

# 帽子

领得乌纱帽，全胜白接䍦，
山人不照镜，稚子道相宜。
　　　　　　【唐】李白

5.4cmX4.0cm

4.0cmX4.0cm

## 鼻烟壶

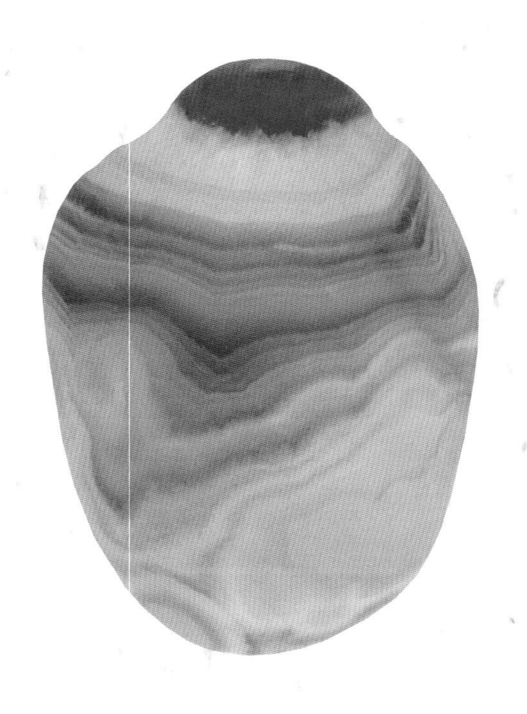

4.9cmX3.5cm

4.7cmX3.6cm

4.9cmX3.9cm

老电影中常有吸鼻烟的镜头：一些权贵手拿红顶小瓶（称鼻烟壶），从中挖点烟土擦在鼻孔里，旋即打喷嚏伸腰肢的。记忆挥之不去，进而在赏玩雨花石时留心形似“鼻烟壶”石头的收藏。这3枚鼻烟壶石头非常可爱，形神兼备，是几百万年前大自然造物主所造就，其色彩造型与逼真效果，还有艺术欣赏性，与生活中的鼻烟壶有异曲同工之妙，观之使人啧啧称奇。每每欣赏它们时，我就心旷神怡，情思横溢，浮想联翩。

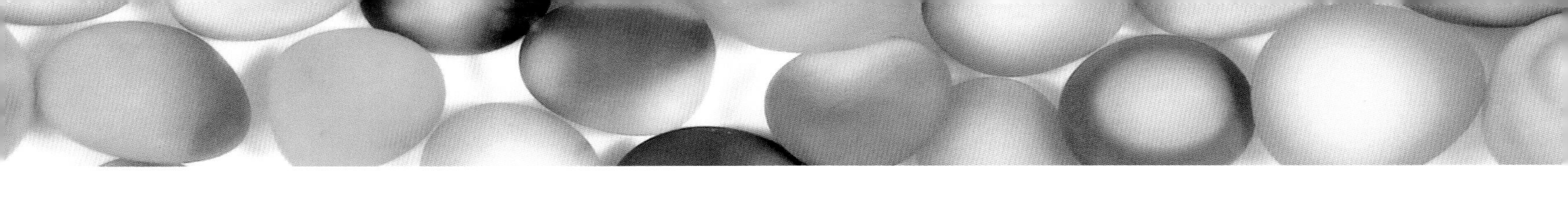

# 金苹果

4.7cmX3.6cm

青津碧荻寒不枯，园丘紫柰天下无。

【宋】艾性夫

## 坛坛罐罐

一罐还一罐，一坛又一坛。一罐封缸酒，一坛白菜酸。
开缸啜醇味，佐菜亦香鲜。再备两坛罐，封腌好过年。
【现代】王成柱

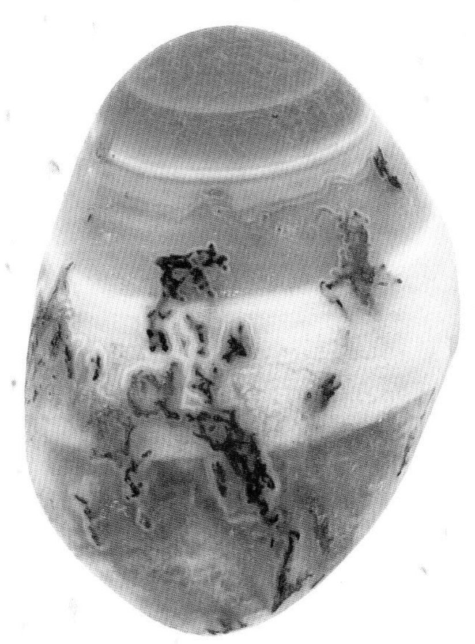

4.8cmX3.2cm

4.2cmX3.6cm

8.2cmX8.0cm

## 金鱼

池上春风动白蘋，池边清浅见金鳞。
新波已纵游鱼乐，调笑江头结网人。
【宋】陆蒙老

## 宝葫芦

6.2cmX4.0cm

这是一尊葫芦。在古代，“瓠”“壶”相通，“瓠”是瓠瓜，也就是葫芦。

古书上有一个著名的壶公的典故，说是汝南人费长房，作市吏，每天在集市上看到一卖药的老者，铺架上挂着一个硕大的葫芦，日暮人散时，老者便跳进葫芦隐了身。这市吏好生奇怪，便带上酒肉叩问，老者倒也热情，邀费长房进入葫芦。费长房进了葫芦，只见“玉堂严丽，旨酒甘肴盈衍其中”，惊讶之下辞别家人，随老者学仙去了。这老者，后人尊之为壶公，而把神仙的快乐生活之所，亦称作“壶天”。泰山的半山腰就建有一个壶天阁，人们爬到这里回望四周，真有成仙得道的感觉。

《西游记》第三十三回中唐僧被妖精所擒，悟空为救师父，在上天诸仙的帮衬下，假装把天装进葫，才骗妖精相信，换了宝物，救了和尚。在道教及中国传统哲学中，对世界和对宇宙的理解与葫芦相仿，有“道生壶化”“壶天之说”。

民间以为“葫芦”之音与“福禄”相谐，所以把葫芦看作是吉祥物。葫芦可食，同时又可作药物。葫芦的悠久历史，也丰富了我们的口语内容，日常生活中常听到谚语有“葫芦里卖的什么药”“依葫芦画瓢”“火车不是推的，牛皮不是吹的，葫芦不是勒的”“按下葫芦浮起瓢”，等等。

此石可爱，遂起名“宝葫芦”。石中藏着一尊漂亮的乳白色束腰葫芦，其束腰处还有晕环，凸显它的神气，有人称它是“神壶”。是啊，此葫芦已神气数万年了，以至从古至今演绎出许多佳话。

## 草圣遗墨

10.2cmX9.6cm

在我收藏的雨花石中，有一枚石头画面很奇特，里面藏着从上至下似龙蛇游动的草书笔画，书法行家仔细辨别确认像草书“言”字。依据用墨行笔来看，具有“草圣”张旭的笔意。得此石，我十分高兴，因为可欣赏到盛唐“艺坛三绝”中“书绝”的墨迹。

张旭生活在唐开元、天宝年间，为人洒脱不羁，豁达大度，喜饮酒，曾和李白等人被杜甫称

为“酒中八仙”。张旭对书法很痴迷，整日练习，碰到好的书帖更是爱不释手，反复临摹。当时，能得到张旭的墨宝堪称幸事。

张旭曾在常熟当县尉。有一天，有个老人拿着状纸来告状。他了解案情后，作了判决。过了几天，老人又来了，张旭纳闷不解，后来老人说了实话：“我不是来告状的。因为看到你写的字那样美妙，想作为珍品收藏它。”当得知这老翁家藏有其先父的遗墨精品时，张旭就要他拿来观览。张旭看到老翁父亲的墨迹时，惊呼“天下奇笔”。由于张旭怀才不遇，常借酒袒露自己的郁闷和牢骚，同时也借醉酒开创了狂草的特有书风。张旭每次饮酒后就写草书，挥笔大叫，甚至把头浸在墨汁里，用头发书写。他的“发书”飘逸奇妙，异趣横生，连他自己酒醒后也大为惊奇。

另有故事说，张旭老家有个邻居，家境贫困，听说张旭性情慷慨，就写信给张旭，希望得到他的资助。张旭非常同情邻人，便在信中说道：“您只要说这信是张旭写的，便可要价上百金。”邻人将信照着他的话上街售卖，果然不到半日就被人争购一空了。

张旭作为狂草书的奠基者，被后人尊为“草圣”。“草圣”张旭的作品除楷书《郎官石柱记》外，草书还有《肚痛帖》《古诗四帖》等较为著名。张旭《古诗四帖》用的是非常珍贵的“五色笺”纸，字体为草书，共40行，内容为南北朝时期两位文豪谢灵运与庾信的《步虚词》《王子晋赞》《岩下见一老翁四五少年赞》四首古诗。字字相连，气势奔放，一气呵成，给人以痛快淋漓之感。《古诗四帖》是历代文人墨客临池学书的极其珍贵的资料，也是张旭流传于世的墨迹中最精彩的作品，现藏于辽宁博物馆。

此石为大品，油泥玛瑙质地，黄底黑字，浑然天成，实为难得。这鬼斧神工之作令我折服，真可谓是“石不能言最可人”！

## 方向盘

8.1cmX6.8cm

圆点知经纬，交叉识纵横。
南极北斗启明星。
胸有成竹自若，把握万千程。
思想弹平律，精神谱仄声。
抑扬顿挫好抒情。
方向罗盘，方向举如轻。
方向贯穿世界，千古以为铭。
【现代】于炳战

# 皮囊酒袋

9.8cmX6.2cm

草原游牧时，饥渴难主张。先人多智慧，皮革制袋囊。
充水温润玉，拔塞弥酒香。饮罢甩一鞭，策马驰远方。

【现代】王成柱

## 长白野山参

9.1cmX7.8cm

五叶初成椵树阴，紫团峰外即鸡林。名参鬼盖须难见，材似人形不可寻。
品第已闻升碧简，携持应合重黄金。殷勤润取相如肺，封禅书成动帝心。
【唐】陆龟蒙

# 水印木刻

8.2cmX6.5cm

拙工砺器雕不已，印版传书差可贵。

【宋】苏籀

## 犁

4.5cmX3.0cm

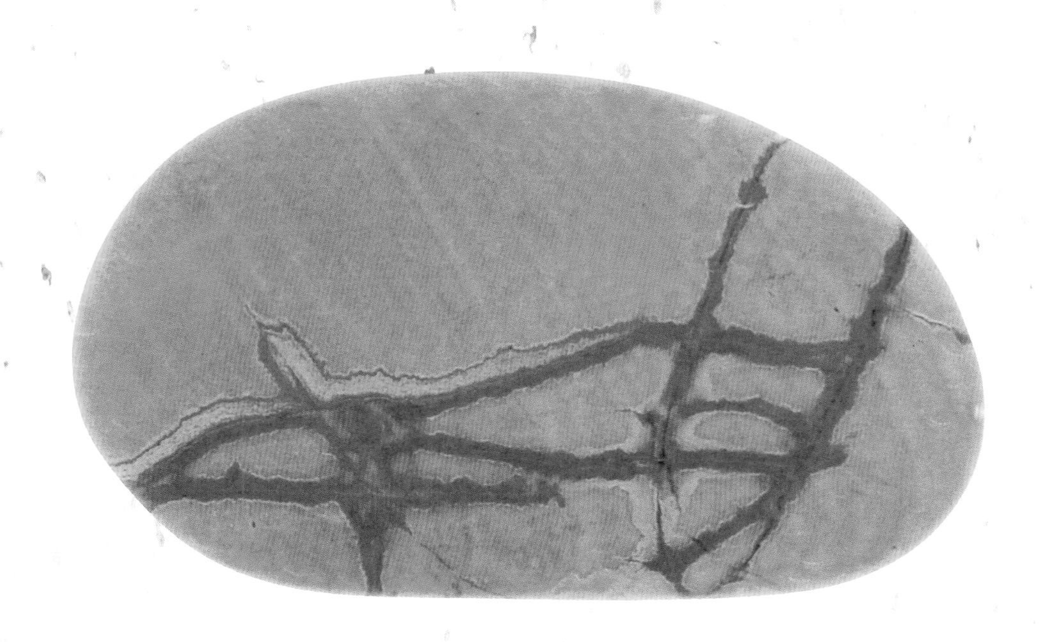

农耕题材的雨花石很少见。此石以简洁的笔触勾勒出常用农具——犁。

犁，主要用于农田的耕作。可以说，它是农耕文化的形象符号，是人类在生产生活等社会实践中的智慧结晶。

犁石出自一位藏家之手，曾在北京、南京等地参展，均获行家好评。该石一时身价不菲，“犁”名大震。得此石后，我的高兴之情溢于言表。今奉献给世人，请大家都来一睹这亿万年前原始农耕犁具的风采。

# 篱笆墙的影子

6.0cmX6.0cm

旧忆乡居事，篱笆小院围。春分攀角豆，夏日满蔷薇。
鸡犬柴门静，田翁晚月归。探墙邀里老，闲坐酌余杯。

【现代】王成柱

## 吉祥图腾

7.5cmX5.2cm

一枚古石出红山，可是先民供祭坛？推测吉羊羊角缺，猜为符虎虎纹残。
斜阳聚族和埙舞，岁末围原祈祖安。或恐图腾攻战殁，今人掘得议相看。

【现代】王成柱

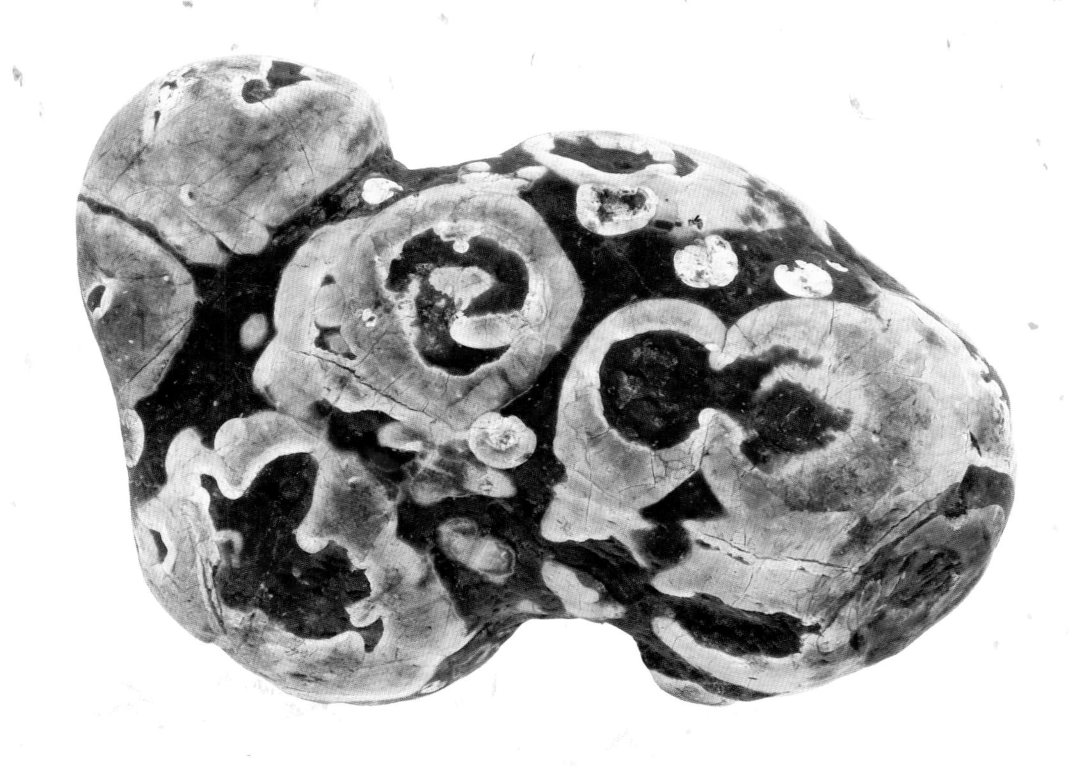

## 航空母舰

7.2cmX5.3cm

大海苍茫风雨疾，惊涛骇浪惊霹雳。
道法丛林龙虎戏，烟云起，中华今又添雄器！
劈浪伏波凭演义，三军驰骋如平地。
威震汪洋神鬼泣，千万里，纵横经纬全无忌。

【现代】于炳战

## 星光灿烂

6.7cmX6.5cm

日薄汤泉，紫霄云殿星光皎。
匿踪青鸟，静夜思春晓。
银汉高升，耀灿窥天渺。
燃犀照，鹊桥仙好，牛女相逢了。
【现代】王成柱

# 雨花玉

9.5cmX5.4cm

往往得美石，与玉无辨，多红黄白色，其文如人指上螺，精明可爱，虽巧者以意绘画有不能及，岂古所谓“怪石”者耶？

【宋】苏轼

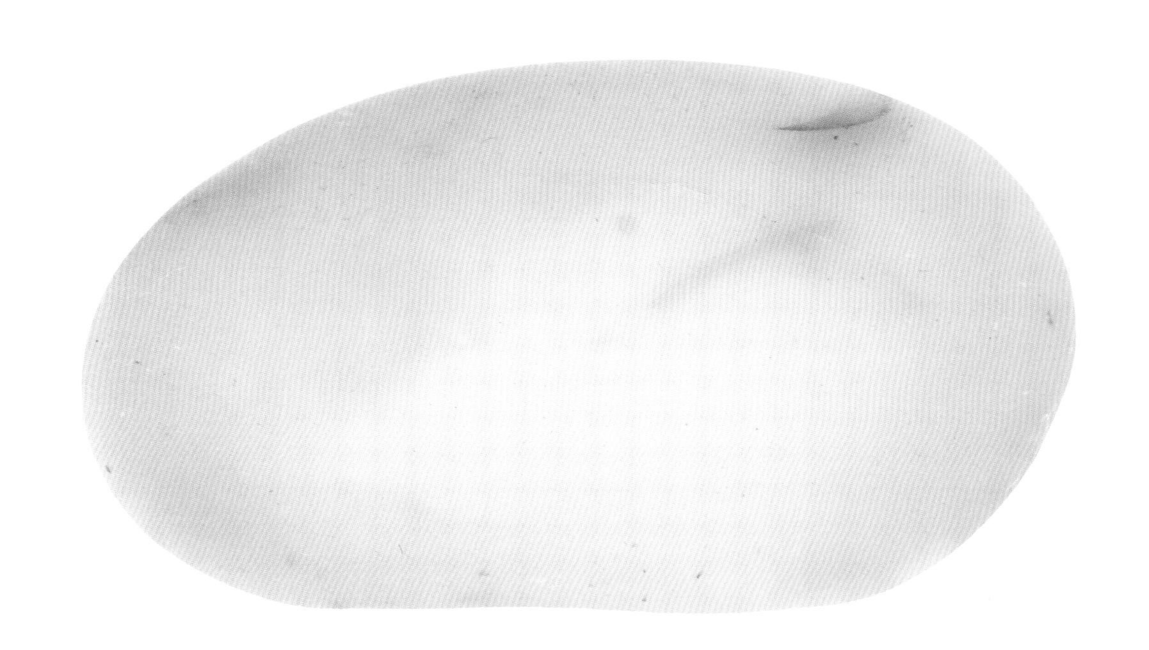

## 雪绒花

6.0cmX4.5cm

雪绒花、雪绒花，清晨迎接我开放。
小而白、洁而亮，向我快乐地摇晃。
白雪般的花儿愿你芬芳，永远开花生长。
【美】奥斯卡·汉默斯坦二世

# 珠落玉盘

嘈嘈切切错杂弹，大珠小珠落玉盘。

【唐】白居易

# 后记

《读石笔记》终于付梓印刷了，不久，这只“丑小鸭”就要与朋友们见面了，我十分高兴！

雨花石是天然的物品，没有一模一样的两枚石头，其唯一性更显珍贵。本书选择我藏品中300余枚石头进行展示，部分配有读石文和点题古今诗词，汇编一册，增强了本书的可读性和欣赏性。

本书出版，得到了许多亲朋好友和单位的关心支持：《诗刊》副总编唐晓渡先生题写书名；江苏省当代艺术创作研究会副会长、扬州市文联原主席、扬州市文艺评论家协会原主席刘俊先生亲自撰文作序言；王成柱先生为相关石头配文润色、配诗填词；朱彤先生选石分类、摄影、制图；仪征市新时空广告公司李陆先生为本书精心策划、设计装帧；万仕国先生统稿文字史料，倾注了很多心血，在此一并表示衷心的感谢！

同时，特别要向我的家人道一声“谢谢”，是他们给予我全方位的理解和包容，尤其是我的二弟陈恩干先生，没有他的支持是不可能获得如此多的石头收藏的。

在编辑出版此书过程中，得到了扬州市老领导卜宇、厉萍夫妇和宗金林先生及仪征市委老干部局、仪征市雨花石协会的悉心指导、倾力支持，在此予以鸣谢！

本书配文多为编者所作，鉴于编者水平有限，书稿中还有许多不足之处，敬请诸位石友和朋友多多赐教！

编　者

2022年3月